Folio

Les cuirassements rotatifs:

„affûts cuirassés"

et

leur importance en vue d'une réforme radicale

de la

fortification permanente

par

Schumann

Major e. r. du corps royal du génie prussien.

Traduction par E. B.

Potsdam 1885.

„Militaria" Verlagsbuchhandlung für Militär-Literatur

(G. v. Glasenapp.)

Imprimerie de Walter Ochs & Cie. à Magdebourg.

Avant-propos de la 1re édition.

Tandis que la valeur de la cuirasse dans la défense des côtes est parfaitement appréciée depuis longtemps, son importance pour la fortification terrestre n'a pas encore été reconnue suffisamment. Le but de notre ouvrage consiste donc à mettre en évidence cette importance et à faire voir comment, par l'application de cuirassements rationnellement construits, on peut reformer la fortification qui est rapidement dans une position d'infériorité vis-à-vis des moyens d'attaque actuels, et cela sans exiger un surcroît de dépenses relativement à l'ancien système.

Il ne serait pas sans intérêt d'examiner pourquoi tous les efforts que nous avons faits dans ce sens depuis 20 ans n'ont pas eu plus de succès, mais il suffira de rappeler la puissance d'habitudes séculaires. La fortification, de par son essence, a un caractère essentiellement conservateur et, quand on construit des forteresses, c'est pour des siècles. Actuellement où dans toutes les branches de l'art de la guerre s'introduisent les modifications les plus profondes, la fortification seule ne peut pas rester immuable. Elle doit tenir compte des progrès et surtout user des moyens que met à sa disposition l'industrie métallurgique moderne, à laquelle d'ailleurs l'artillerie doit surtout son efficacité actuelle.

L'emploi des cuirasses dans les fortifications terrestres n'a été discuté que lorsque l'industrie en avait déjà fourni des applications importantes dans le domaine des constructions navales. Il fallait d'abord que les ressources de la technique fissent leurs preuves jusqu'à un certain point en fournissant des masses de fer de qualités et de formes appropriées aux buts militaires, avant que l'ingénieur pût songer à l'emploi de pareils moyens. La première application de cuirasses navales (devant Kinburn, en 1855) a eu lieu avant l'introduction des canons rayés. Mais ce n'est que celle-ci qui a fait naître le désir d'employer les cuirasses dans la fortification terrestre. Il a été préjudiciable à la réalisation de ce désir qu'on ait voulu étendre l'exigence de l'invulnérabilité absolue aux cuirasses dans cette application toute différente, ce qui a conduit à un accroissement de dépenses rendant la chose impossible. On a oublié que, dans la guerre de siège, la destruction d'une cuirasse ne décide pas du sort de la forteresse et que la tâche de l'ingénieur consiste seulement à organiser une résistance relativement suffisante contre les moyens d'attaque.

La disposition de notre travail demande quelques explications.

Si l'on veut faire ressortir l'importance des cuirassements, la connaissance des ressources techniques est indispensable, et les détails techniques dépendant à leur tour à un haut degré du juste emploi des cuirassements en vue du combat. Pour ne pas devoir interrompre les considérations relatives à ce dernier point, nous prions le lecteur d'admettre provisoirement ce que l'annexe de cet ouvrage démontrera comme exact, savoir que les éléments de notre fortification cuirassée ne sont pas des créations fantaisistes, mais des choses concrètes: des constructions basées d'une part sur des expériences rationrelles, d'autre part sur des déductions logiques de ces expériences. La maison H Gruson à Buckau-Magdebourg a pris patente pour les constructions renseignées aux planches I—XV, et les prix de leur exécution sont fixés et renseignés à l'annexe.*

Les éclaircissements pour les détails de construction sont complétés par une copie du procès-verbal de la commission qui a exécuté des expériences concluantes au polygone de Cummersdorf sur une construction cuirassée faite d'après nos projets. Nous avons obtenu du Ministère de la guerre prussien l'autorisation de communiquer une partie du procès-verbal des expériences, pour le reste nous devons nous contenter d'un écrit de la commission d'où l'on peut déduire les prescriptions sur le but des expériences dans leur ensemble. La permission de donner d'autres communications ne nous a pas été accordée.

Le document susdit donnera cependant des renseignements suffisants pour juger des constructions qui sont basées, comme l'abri cuirassé expérimenté à Cummersdorf, sur l'arrêt du recul du canon.

Outre les cuirasses, nous avons mis en valeur quelques autres moyens de défense, tels que des obstacles en spirales de fil de fer, des travaux à bombes pour la défense des fossés, des casemates ogivales en arceaux de fer avec un faible remplissage en maçonnerie, et nous donnerons dans l'annexe des détails sur leur emploi et le prix de revient de leur installation.

Biebrich-Mosbach, Avril 1884.

L'auteur.

·.·.·

.

---

* La fabrique exécute ces construction à volonté, soit en fonte durcie, soit en fer laminé. Les prix ne sont renseignés que d'une façon approximative, puisqu'ils dépendent du prix variable du fer et de l'importance de la commande à exécuter d'après un même modèle.

Avant-propos de la 2ᵉ édition.

Ce travail, dont la 1ʳᵉ édition est épuisée, a été motivé par l'intérêt que l'usine H. Gruson à Buckau a montré pour nos propositions, tendant à employer largement les cuirassements en fortification. Cet intérêt était d'ailleurs bien naturel, puisque la maison susdite avait depuis longtemps la spécialité des constructions cuirassées. La deuxième édition a eu également pour promoteur Mr H. Gruson; elle ne constitue cependant pas une publication particulière de la maison, mais bien une entreprise de librairie. Nous avons soumis la première édition à une nouvelle révision, bien entendu en la complétant d'après les progrès réalisés dans la tactique de la guerre de siège et en adoptant une meilleure disposition de la matière. Dans cette édition, pas plus que dans la première, nous n'avons eu l'intention de présenter un traité complet. Au contraire, nous avons supposé chez nos lecteurs la connaissance des controverses sur la guerre de siège qui sont à l'ordre du jour, précisément dans ces derniers temps, et nous donnons notre contingent d'idées pour la solution de la question de la fortification, question qui n'a pas fixé l'attention jusqu'à ce jour, à tel point qu'on chercherait vainement dans la littérature militaire des éléments pour l'étudier. Nous avons cru le moment venu d'exposer nos idées, puisque les progrès de l'industrie et surtout les dernières constructions de la firme Gruson ont donné à l'ingénieur un appareil qui permet de substituer des conceptions pratiques à des désirs irréalisables et des fantaisies sur le domaine de la fortification.

Nous demandons l'indulgence du lecteur si nous ne nous étendons pas sur les questions essentiellement tactiques et si nous devons nous borner à ne faire que des citations puisées dans la littérature spéciale à ce sujet. Nous avons la bonne fortune de pouvoir renvoyer dans cette deuxième édition à l'ouvrage du général von Sauer „Ueber Angriff und Vertheidigung fester Plätze." (De l'attaque et de la défense des places fortes") qui donne un développement et des arguments nouveaux à son mémoire cité dans notre première édition „Beiträge zur Taktik des Festungskrieges." Nous convenons volontiers que nous adoptons les réformes préconisées dans ce livre pour la guerre de siège. S'il s'est élevé des contestations, si on soutient que les opinions de von Sauer ne sont pas contestées, mais que les développements donnés aux applications dépassent le but et mènent à des monstruosités, si on montre même une certaine indignation, cela prouve tout simplement que la vieille école se sent remuée d'une façon gênante.

Puisque le général von Sauer, un artilleur ayant étudié à fond la guerre de siège, soutient qu'en face des progrès du tir à shrapnel et du tir plongeant, le maintien des bouches à feu dans les forts est devenu impossible et arrive à placer le centre d'action de l'artillerie dans les positions intermédiaires, comme cela a été déjà érigé en principe; puisque cet auteur, à la suite d'autres investigations, développe une remarquable méthode d'attaque qui porte à douter de la valeur des positions intermédiaires, pour arriver finalement, dans un petit mémoire paru dans le fascicule de mai 1885 des

« Jahrbücher der deutschen Armee und Marine, » à la conclusion que le problème difficile de la défense des forteresses contre les effets de l'artillerie moderne recevra certainement sa solution et cela par les cuirassements, nous pouvons dire que nous éprouvons un grand encouragement à continuer dans la voie que nous avons prise il y a déjà 25 ans.

Nous considérons comme une véritable chance que, ayant été lié d'amitié au chef de la firme H. Gruson, nous avons pu communiquer nos desiderata militaires à l'établissement le mieux en état de les réaliser. Nous avons trouvé un entendement complet de nos vœux militaires chez l'ingénieur éminent qui a imaginé la coulée en fonte d'acier de cuirasses et de projectiles. Aussi s'est-il décidé à mettre au service de nos idées le trésor de ses connaissances techniques comme constructeur de cuirassements. Dès lors, il est bien naturel que la firme H. Gruson se réserve tous ses droits relatifs aux constructions représentées dans l'atlas.

Nous devons déjà dès maintenant appeler l'attention sur le fait que l'établissement visité a entrepris une série de constructions où l'on tient compte de ce nouveau courant d'idées qui s'écarte de l'étroit système de la fortification permanente, pour passer à un autre système plus maniable, celui de la fortification passagère basée sur l'emploi des cuirasses.

Aussitôt qu'il sera possible de se former un jugement d'après des expériences faites sur ces nouvelles inventions, elles seront élaborées en un nouveau système de fortification passagère et nous en donnerons connaissance dans une annexe à la deuxième édition de notre ouvrage.

Pour finir, reproduisons ici la seule critique de notre brochure qui nous soit parvenue, celle parue dans « l'Invalide russe » au commencement de cette année, et formulée ainsi :

« De telles propositions sont radicales, elles sont ingénieuses et très détaillées, elles font honneur à une riche imagination, elles sont très séduisantes sur le papier et en paroles, mais, par malheur, elles le sont en théorie seulement. Dans la réalité, aucun fort ne peut se passer d'infanterie, et aucune invention de la technique la plus complète ne peut remplacer les forces vivantes. La technique doit aider les forces vivantes, la technique sans forces vivantes est morte, même dans la défense des forts. Toutes ces propositions ne sont, jusqu'à ce jour, rien que des projets. »

Nous convenons volontiers qu'un auteur plus expert dans l'art d'écrire aurait mieux réussi que nous à élucider le point principal de la question de l'emploi des moyens techniques dans la guerre de siège. Peut être aussi le critique russe a été entravé par la langue allemande dans la compréhension de nos idées. Nous croyons donc devoir faire l'aveu à notre contradicteur aussi bien qu'à ceux de nos lecteurs qui voudraient partager ses avis, que nous ne sommes arrivés que par degrés du fort type à notre construction cuirassée et cela par la conséquence obligée des progrès de l'artillerie et de la métallurgie.

Si nos propositions n'étaient que le produit d'une riche imagination fantaisiste, nous aurions pu faire des inventions plus fantaisistes encore. L'imagination est la faculté créatrice des conceptions auxquelles la raison sert de scrutateur et de régulateur. Nos propositions ne tendent à rien d'autre qu'à substituer au travail humain la machine, là où elle assure un plus grand rapport, absolument comme cela se passe dans l'industrie civile.

Le nègre qui frappe de la massue, le tireur qui manie son fusil, et nous qui nous opposons inopinément à un assaut avec le revolver à éclipse, nous mettons tous la technique à la disposition de la force vivante. Les trois machines de guerre seraient mortes si personne n'était là pour s'en servir et nous avons également besoin de forces

Nicaragua pour défendre nos forts. Il s'agit de voir comment on sert les employer. Des ... à défendre à rempart découvert, nous sommes un peu sceptique quant à l'héroïsme des troupes qui forment leurs colonnes dans des postures étudiées pour se jeter au-devant de l'assaillant; pour un exemple de guerre où l'on a réussi à reculer ainsi de quelques heures le sort de la forteresse, nous pouvons citer trois fois autant de cas où le dernier combat pour l'honneur a été livré en vain. Cela ne veut pas dire que nous n'avons pas ... de l'instruction d'artillerie. Au contraire, dans tous nos projets, nous en avons prévu et exigé l'usage. La critique nous aurait confondus si elle croyait s'il avait pu se dégager des subtiles finesses, ... Alors il aurait admis que celle-ci ... contre les principes de place de sorte particulier dans les batteries.

Nous recommandons donc, et aussi à notre contradicteur de l'Invalide russe, de faire un examen attentif de nos projets et nous demandons l'indulgence pour nous être livré à ces digressions dans un avant-propos. Nous croyons pouvoir conclure de la critique relative qu'on n'a pas assez tenu compte de la recommandation de la préface de notre première édition, qui est de ne pas considérer nos projets au point de vue idéal, mais de les juger comparativement à ce qui a existé jusqu'à ce jour.

Biebrich-Mosbach, Août 1885.

L'auteur.

Table des matières.

Page

Avant-propos de la 1re édition . . . . 3.
Avant-propos de la 2me édition . . . . 5.

Introduction:
De la nécessité d'une réforme de la fortification actuelle et de l'importance
essentielle des affûts cuirassés pour cette réforme . . . . 11.

Chapitre I:
Du choix du métal à cuirasses et les expériences de Commersdorf . . . 21.

Chapitre II:
Éléments de la nouvelle fortification à cuirassements, d'après nos propositions:
1. Affût cuirassé pour canons lourds et pour obusiers . . . . . . 26.
2. Affût cuirassé pour mortiers . . . . 27.
3. Affût cuirassé pour canons-revolvers . . . . 28.
4. Grenades à main . . . . 28.
5. Réseaux en fil de fer . . . . 29.
6. Constructions en arceaux . . . . 29.

Chapitre III:
Constructions d'ouvrages nouveaux pour affûts cuirassés:
1. Considérations générales . . . . 30.
2. Types d'ouvrages cuirassés:
a. Ouvrage demi-circulaire avec front de gorge et batteries annexes
pour mortiers . . . . 37.
b. Ouvrage circulaire avec batteries annexes pour obusiers . . . . 38.
c. Groupe de batteries avec banquette pour mousqueterie . . . . . 39.
d. Grand fort isolé avec ouvrage central circulaire . . . . 40.
e. Groupe de forts . . . . 41.

Chapitre IV:
Relations tactiques des forts cuirassés:
1. Rôle des différentes bouches à feu cuirassées:
a. Mortiers . . . . 43.
b. Obusiers . . . . 47.
c. Canons de 15 cm en acier frettés . . . . 49.
d. Canons-revolvers . . . . 56.
2. Conditions d'un fort cuirassé pour être à l'abri d'une attaque de vive force 58.
3. Fort cuirassé dans le combat d'artillerie . . . . 67.
4. Locaux voûtés dans les forts cuirassés . . . . 79.

Chapitre V:
De l'application des cuirassements aux fortifications existantes:
1. Affûts cuirassés pour canons frettés à placer dans les forts . . 83.
2. Affûts cuirassés pour canons frettés à placer dans les ouvrages intermédiaires . . . . 86.
3. Affûts cuirassés pour mortiers . . . . 87.
4. Affûts cuirassés à éclipse pour canons-revolvers . . . . 87.
5. Caponnières cuirassées pour canons-revolvers . . . . 89.

Chapitre VI:
Devis approximatif des frais de construction des forts cuirassés . . . . 95.

Conclusions . . . . 104.

Annexe.

Page

I. Expériences de Cummersdorf:
A. Constructions préliminaires . . . . 1.
B. Construction soumise aux expériences . . . . 4.
C. Marche des expériences de tir . . . . 8.

II. Détails de construction des affûts cuirassés pour canons de gros calibre et pour obusiers:
A. Dispositif pour intercepter le recul . . . . 13.
B. Affût cuirassé pour un canon de 15 cm fretté . . . . 15.
C. Affût cuirassé pour deux canons de 15 cm frettés . . . . . 21.
D. Affût cuirassé pour deux canons de 15 cm frettés, avec arrêt de recul à la culasse . . . . 22.
E. Affût cuirassé pour quatre canons de 15 cm frettés . . . . 23.
F. Affût cuirassé pour un obusier de 21 cm . . . . 25.

III. Détails de construction des affûts cuirassés pour mortiers:
A. Affût cuirassé pour un mortier de 21 cm . . . . 27.
B. Batterie cuirassée pour quatre mortiers de 21 cm . . . . . 29.

IV. Détails de construction des affûts cuirassés à éclipse pour canons de petit calibre:
A. Affût cuirassé à éclipse pour un canon-revolver de 53 mm . 33.
B. Affût cuirassé à éclipse pour un canon-revolver de 57 mm . 36.

V. Grenades à main . . . . 38.
VI. Caponnières de fosse . . . . 40.
VII. Constructions en arceaux et obstacles en fil de fer:
A. Expériences de tir contre des constructions en arceaux et contre des obstacles en fil de fer . . . . 41.
B. Marche des expériences . . . . 45.
C. Appréciation des résultats des expériences et conclusions . . 48.
D. Détails de construction des voûtes en arceaux . . . . 50.
E. Obstacles en spirales de fil de fer . . . . 53.

Table des matières de l'atlas.

2ᵉ édition	Matières.	1ʳᵉ édition
Planche		Planche
I	Ceinture de forts placés à 6000 m du centre et à 3000 m d'intervalle. — Fort du tracé type. — Réseaux en fil de fer. — Grenade à main	XVIII
II	Ceinture de forts placés à 7000 m du centre et à 4000 m d'intervalle. Affût cuirassé d'essai pour un canon fretté de 15 cm expérimenté à Cummersdorf	I
III	Affût cuirassé d'essai etc.	II
IV	„ „ „ „	III
V	Affût cuirassé pour un canon fretté de 15 cm	VIII
VI	„ „ „ deux „ „ „	IX
VII	„ „ „ „ „ „ „ „ avec recul supprimé par l'appui de la culasse	XIX complète
VIII	Affût cuirassé pour deux canons frettés de 15 cm, avec recul supprimé par l'appui de la culasse	XX complète
IX	Affût cuirassé pour quatre canons frettés de 15 cm	XIV
X	„ „ „ un obusier de 21 cm	XIII
XI	„ „ „ un mortier de 21 cm	X
XII	Batterie à quatre mortiers de 21 cm	XXII complète
XIII	„ „ „ „ „	XXI
XIV	Affût cuirassé à éclipse pour un canon-revolver de 53 mm	XI
XV	„ „ „ „ „ „ „ de 37 mm	XII
XVI	Constructions essayées à Tegel, en 1865	XV
XVII	„ „ „ „ „ „	XVI
XVIII	Contre-scarpe etc.	XVII
XIX	Ouvrage demi-circulaire avec front de gorge et batteries annexes pour mortiers	IV
XX	Ouvrage circulaire avec batteries annexes pour obusiers . .	VI
XXI	Groupe de batteries cuirassées avec banquette pour la mousqueterie	V
XXII	Fort isolé avec ouvrage central circulaire	VII
XXIII	Groupe de forts	VII complète

Introduction.

De la nécessité d'une réforme de la fortification actuelle et de l'importance essentielle des affûts cuirassés pour cette réforme.

Epigraphe: Le moment n'est peut être pas éloigné où l'emploi du fer apportera l'une des modifications profondes aux formes usuelles de la fortification. C'est là une conséquence de des progrès qui ont été réalisés dans l'armement et dans la métallurgie. Brialmont. La fortification à fossés secs. Tome II, page 196.

Le matériel de l'artillerie moderne ayant été complété dans ce sens, qu'à côté du tir de précision des bouches à feu longues, l'assaillant dispose également du tir de précision de pièces à feux plongeants, il n'y a plus de doute qu'avec les moyens employés jusqu'à ce jour en fortification, celle-ci ne peut plus donner aux batteries un couvert suffisant pour leur permettre de soutenir jusqu'au bout un combat d'artillerie.

D'autre part, le tir de précision plongeant sera d'autant plus utile au défenseur, qu'il sera en état de donner à ses mortiers une protection dont les mortiers de l'attaque seront dépourvus, avantage qui pourrait assurer directement la supériorité de la défense sur l'attaque.

Si l'artillerie doit ses progrès surtout aux progrès de la métallurgie du fer, ceux-ci fournissent actuellement aussi à la fortification un nouveau et puissant moyen de résistance.

Nous espérons que le jugement porté en 1872 par le général Brialmont et placé en tête comme épigraphe, enfin se réalisera.

Nous voulons essayer de prouver que le problème de la fortification permanente consiste à utiliser les moyens et le temps que l'on a à sa disposition en temps de paix pour la constitution de défenses telles que l'assaillant ne puisse pas les créer, ou ne puisse les créer que par des sacrifices excessifs en forces et en temps et **que le seul moyen de résoudre ce problème est l'application des cuirasses d'après des principes rationnels.**

L'attaque a ses avantages spéciaux, de nature morale et matérielle, pour lesquels il faut créer un équivalent à la défense; car l'idée fondamentale de toute fortification est le rétablissement de l'équilibre entre l'infériorité du défenseur et la supériorité de l'assaillant, que cette supériorité réside dans les circonstances morales ou numériques ou dans ces deux avantages à la fois. S'il ne s'agissait que d'obtenir un couvert passif, la casemate serait l'idéal de la fortification, puisqu'elle offre un couvert dans toutes les directions, même vers le haut. Mais, en vérité, il s'agit d'abord et avant tout d'action, puis de protection, et le couvert ne doit réellement qu'assurer une action plus efficace et plus durable.

Pour résoudre ce problème, les matériaux en usage jusqu'à ce jour étaient insuffisants. En les appliquant, on plaçait plutôt et toujours l'action et le couvert dans un rapport inverse. On doit attribuer aux qualités constructives insuffisantes que présente la terre et la pierre, la cause éternelle de tous les maux de la fortification: angles morts, espaces non battus, lignes brisées et par conséquent enfilées, traverses, etc. L'ingénieur s'est évertué en vain jusqu'à ce jour, à chercher des combinaisons variant à l'infini, pour trouver un rapport plus favorable entre l'action et le couvert.

Le spectateur impartial doit voir dès le premier abord, que les améliorations introduites dans la fortification n'ont pas su compenser les progrès réalisés par l'artillerie. Ainsi, pour ne citer qu'un exemple, la meilleure organisation des remparts n'est pas un équivalent suffisant des avantages que l'attaque sait tirer de l'artillerie perfectionnée.

Contre ces remparts, il faut considérer que, malgré le tir à grandes distances, l'assiégeant obtient plus d'atteintes qu'auparavant à des distances moitié moindres. De plus, l'effet des coups pris isolément s'est accru en dehors de toute proportion par l'usage des projectiles explosifs, obus et shrapnels, les seuls encore en usage. Tous ces progrès profiteraient également à la défense et à l'attaque, s'il n'y avait pas entre les buts offerts au tir des deux adversaires une différence si considérable.

Les grandes lignes de la fortification pouvant être battues efficacement par un tir à 5000 m et plus, l'avantage de l'assiégé d'être par avance préparé au combat, tandis que l'assiégeant doit encore se créer des couverts, devient illusoire. Ce dernier trouve, aux grandes distances et avec la faculté de disposer librement du terrain, des couverts suffisants, on peut les créer à l'insu de l'adversaire et se trouve alors le plus souvent même dans des conditions plus favorables.

Ces rapports ont été discutés à satiété. Nous les mentionnons cependant de nouveau, parce qu'ils changent aussitôt qu'à la défense dirigée exclusivement des remparts, on substitue le feu des casemates, lequel, au moyen de l'application des cuirassements, peut arriver à son plus haut degré de perfectionnement. Il est réservé au fer, avec ses propriétés si radicalement différentes de celles des autres matériaux de construction, de faire cesser la disproportion mentionnée entre l'attaque et la défense, de fournir à l'artillerie de forteresse une action illimitée en même temps qu'un couvert parfait et d'écarter ainsi l'incompatibilité entre le couvert et l'action, qui a semblé exister jusqu'à ce jour.

Il n'entre pas dans le cadre de ce traité d'examiner les rapports entre l'attaque et la défense d'après les conceptions les plus récentes. Il nous suffira d'indiquer les modifications essentielles qu'impose l'emploi rationnel des cuirasses aux principes de la fortification, soit dans le combat d'artillerie soit dans les moyens qui assurent une place forte contre les attaques de vive force.

Nous nous rendrons cette tâche plus facile en la reliant à deux ouvrages très-connus qui, dans ces derniers temps, ont traité les points susmentionnés. Dans le mémoire de von Brunner „Les fortifications peuvent-elles être prises d'assaut?" cette question est traitée sous toutes ses faces, tandis que le combat d'artillerie a fait l'objet d'un examen approfondi dans les „Matériaux relatifs à la tactique de la guerre de siége" du colonel von Sauer. Nous prions le lecteur de consulter à nouveau ces deux écrits, quoique nous relations les passages les plus importants pour nous.*

Si, depuis 1871, on s'est surtout appliqué à construire de grandes places de guerre, on ne pourrait cependant soutenir qu'on y a été conduit surtout par des raisons stratégiques. Au contraire, l'intention pourrait bien avoir prédominé de mettre le noyau de la position, la ville, à l'abri d'un bombardement, et de ne pas exposer la ligne des ouvrages avancés construits dans ce but aux feux de revers et le moins possible aux feux d'enfilade.

---

* Mr. von Sauer, aujourd'hui général, vient de publier chez Wilhelmi, éditeur à Berlin, une étude „Sur l'attaque et la défense des places fortes". C'est un fort volume qui poursuit dans le détail les idées émises aux „Matériaux etc." et qui mérite d'être étudié à fond.

Il est certain qu'on a cherché à augmenter la force de résistance des places de guerre, plutôt en leur donnant une grande extension, qu'en perfectionnant les détails de la fortification. Des places de moyenne grandeur, et telles qu'aujourd'hui encore elles pourraient être très-utiles, ne peuvent être rendues assez fortes par les ressources dont disposait jusqu'à ce jour l'ingénieur militaire. Ceci s'applique à plus forte raison aux forts isolés, dont on a construit un si grand nombre, précisément dans ces derniers temps, en France, en Italie et en Autriche.

Mais en supposant que nous n'ayons affaire qu'à de grandes places — leur faiblesse vis-à-vis d'une attaque en règle est tellement évidente, qu'on croit ne pouvoir les renforcer autrement qu'en exécutant pendant le siège un système grandiose de travaux de terrassement dans l'intervalle des forts et en seconde ligne, en arrière de ceux-ci.*
On s'est laissé conduire trop loin par l'impression produite par la défense de Sebastopol, de Paris et de Plevna, conduite d'après les mêmes principes. Mais on n'a pas assez tenu compte qu'on y a eu des armées à sa disposition, qu'on les a consumées dans les combats de la défense, ou qu'on les a perdues par capitulation pour la suite de la guerre. Remarquons que le rôle de la fortification consiste précisément à assurer le maintien d'une place fortifiée avec un minimum de forces, afin de rendre disponible pour la guerre de campagne le plus de troupes possible. D'après nous, c'est une faute de fonder la défense sur un système de travaux de guerre, pour l'exécution desquels il faut une garnison presqu'aussi forte que l'armée assiégeante. C'est perdre complètement de vue la tâche principale de la fortification permanente, celle d'employer le temps et les moyens de la paix, afin d'assurer à la défense des avantages que l'assiégeant ne saurait se procurer pendant le combat. Le défenseur, au lieu d'employer ses forces au combat, doit les user à l'exécution de travaux. On transforme une troupe de combattants en une troupe de travailleurs, et en travailleurs opérant dans les plus mauvaises conditions physiques; tandis que l'élan et la ténacité dans la défense exigent surtout la conservation du ressort moral et des forces physiques.

Une réforme radicale de la fortification permanente nous semble absolument indiquée, aussi bien pour rendre défendables les petites places, que pour permettre la défense des grandes places par des garnisons restreintes.

---

* voir von Sauer „Attaque et défense de places fortes" pag. 200—204 et: Jahrbücher der deutschen Armee und Marine, fascicule de Mai 85: von Sauer „Recherches tactiques sur de nouvelles formes de l'art de la fortification."

Le moyen d'obtenir ces résultats sera l'emploi de l'artillerie protégée par des cuirasses rotatives au lieu du canon placé derrière des remparts.

Pour cela, il ne s'agit pas seulement, bien entendu, de coupoles isolées, comme on les a employées jusqu'à ce jour pour le renforcement local de certains ouvrages.

L'artillerie agissant en masse, surtout la grosse artillerie, doit combattre à couvert, derrière des cuirasses et pour cela la tactique défensive de l'artillerie doit changer — conséquence naturelle de l'emploi de nouveaux engins, qui auront aussi, comme nous le prouverons, une grande et heureuse influence sur l'action de l'infanterie de la garnison.

Les avantages que l'application des cuirassements don ra à la défense sont surtout basés sur une meilleure relation entre l'action et le couvert. Ainsi, pour ne donner qu'un exemple frappant, un canon dans une coupole a un champ de tir de 360°, tout en ayant l'avantage de n'être exposé qu'aux seuls coups pouvant atteindre la bouche. Le champ d'action d'une pièce ainsi conditionnée est quadruplé, comparativement à une autre en batterie sur le rempart, même si on donnait à celle-ci un champ de tir de 90°. Ajoutons que le couvert dont elle jouira sera d'une perfection qui n'a pu être atteinte, même d'une façon approchée, par les moyens dont on disposait jusqu'à ce jour.

Ceci est tellement décisif, tellement déterminant, qu'en y joignant l'avantage que toute considération de défilement, aussi bien horizontal que vertical, disparaît, on ne pourra plus soutenir la thèse _une construction cuirassée peut être considérée tout au plus comme une amélioration dans des cas spéciaux de l'emploi de l'artillerie, mais n'aura jamais d'influence sur la conception créatrice de projets de fortification._

Les formes actuelles de la fortification, aussi bien en tracé qu'en profil, devront subir une transformation totale, aussitôt que le fer ne sera plus considéré comme un moyen subordonné pour pallier des défauts inhérents au système de défense à remparts ouverts, mais bien comme un élément de construction déterminant, qui permet de faire entrer en ligne de compte et réellement dans la mesure du possible, la puissance de l'armement moderne.

Combien les constructions actuelles répondent peu aux exigences d'un bon abri des pièces de combat, le mémoire précité du colonel von Sauer „Matériaux relatifs à la tactique de la guerre de siège" nous le dira d'une façon convaincante dans les termes suivants (voir page 40):

Quelle que soit la force que ces exemples aient pu donner à mes assertions, je dois cependant faire remarquer que les sièges américains n'ont pas été faits avec des canons pareils à ceux dont on dispose aujourd'hui. Si, l'année dernière encore, j'ai dû appuyer sur la résistance extraordinaire que les levées de **terre** établies judicieusement peuvent opposer à l'action de l'artillerie, je crois cependant devoir dire aujourd'hui que le moyen, qu'à cette époque j'indiquai seulement comme étant **probablement** destiné à devenir décisif pour vaincre cette résistance, est **réellement** celui qui a conduit au but désiré. Et, comme alors j'ai cru voir dans le bon emploi du fusil d'infanterie la force principale du défenseur, je crois maintenant devoir également comprendre dans celle-ci une augmentation des forces de l'artillerie. L'utilisation complète de l'artillerie amènera de fait une **révolution** dans **la guerre de siége**, et — comme conséquence — dans **la construction des fortifications.** Cette révolution doit arriver pour que la guerre de siége reprenne des formes bien définies, comme elle les avait du temps du canon lisse.

De ce temps, la forteresse, quand elle était bien approvisionnée, pourvue de bons locaux couverts et armée d'un nombre suffisant de canons, se berçait vis-à-vis de l'assiégeant d'une certaine sécurité et si celle-ci — spécialement pour de petites places — a pu devenir douteuse depuis la dernière guerre, il y a cependant lieu de rappeler quelle résistance précisément de petites forteresses ont su fournir. Je n'ai qu'à citer **Landau**; en 1702 elle soutint un siége de 82 jours contre les troupes de l'Empire; un de 58 jours, en 1703, contre les Français; un autre de 70 jours, en 1704, contre les Impériaux, et, en 1713, résista derechef aux Français pendant 60 jours. Je relaterai encore qu'en 1857, à l'école d'application de Metz, on me montra un plan détaillé de **Germersheim**, sur lequel se trouvait dessiné un projet d'attaque comportant 72 jours de tranchée ouverte.

Je ne veux nullement soutenir que le temps reviendra où des places si peu étendues atteindront de nouveau le degré de résistance qu'on pouvait leur attribuer sous le règne du canon lisse; mais je crois qu'entre les forteresses actuelles et celles de cette époque il existe maintenant une disproportion si énorme, qu'une diminution de celle-ci est obligée, si l'art de la guerre et celui de la fortification veulent revenir à un juste équilibre. Ce n'est pas dans **l'étendue** de nos positions fortifiées, atteignant bientôt l'incommensurable, qu'il faut chercher la solution; le **défilement de la maçonnerie** et l'adjonction d'une **enceinte basse** ne sauraient corriger le **défaut capital** des petites places, celui d'être prises de flanc et de revers dans presque chacune de leurs lignes; et si les **cuirassements** sont les plus propres à remplacer les casemates en maçonnerie trop faciles à démolir, personne ne songe à risquer un moyen aussi coûteux à un succès même alors incertain. Mais non seulement les **petites** forteresses, mais aussi les forteresses **modernes les plus grandes ne sont** plus dans un certain sens ce qu'elles **étaient**, ou ce qu'elles auraient été, du temps du canon lisse. L'artillerie **évacue** aujourd'hui les ouvrages et évite de se servir des remparts comme position de combat, quoiqu'ils soient en réalité organisés comme telle. Là aussi, il y a certainement une disconvenance qui nous fait présumer que la fortification **de nos jours** n'est pas en accord avec **ce** facteur principal auquel elle doit concourir — avec **l'action de l'artillerie.** Il suffit de jeter un regard sur **ces** procédés prescrits dans une **attaque en règle,** pour voir surgir ce doute: si le combat d'artillerie moderne répond réellement à ce progrès que tout notre armement a accompli dans les derniers vingt ans.

Je rappelle qu'à 1000 m. on est bien en état de faire brèche dans des **murs,** mais que, contre des **levées en terre,** on ne peut enregistrer qu'un effet réellement humiliant. Aussi n'a-t-on fait que des changements très-minimes au vieux système **d'attaque du Génie.** On a doublé l'ancienne distance de la 1re parallèle, mais il n'y a aucun motif — se dit-on — qui force à une réforme radicale de l'ancienne attaque par la sape.

D'après mes convictions ces disconvenances, comme je les ai appelées, résultent, au moins en partie, de ce que l'artillerie moderne n'a pas encore réussi à **perfectionner** son **matériel** dans **toutes ses formes** et de façon que **chaque catégorie** de bouches à feu se trouvât **à un même échelon de puissance** que les autres, ainsi que cela existait du temps où on tirait à **projectiles sphériques.**

C'est ainsi qu'on est allé jusqu'à l'extrême pour porter le **tir direct** et le **tir indirect** à un degré de précision, de portée et de puissance de pénétration qui n'admettra plus que peu de progrès; mais c'est tout différent quant au **jet**. A part quelques exceptions on peut dire que tout le matériel à tir courbe est resté absolument le même qu'**avant l'invention du canon rayé.** C'est là assurément que se trouve la **cause principale** de toutes les disconvenances, et elles disparaîtraient **dès** l'instant où on serait parvenu à créer pour le tir plongeant un **mortier digne** de figurer à côté des canons à tir direct et indirect.

Ce moment **est** venu, et devant **ce** fait, on doit se poser la question: quelles transformations amènera dans la guerre de siège un progrès si important?

Le commandement résultant de la position sur le rempart n'offre aucun avantage balistique, il peut même, dans certaines circonstances, rendre le tir beaucoup moins rasant. Il pourrait cependant être utile dans un cas, dans le **service d'observation.** Mais même alors il faudrait créer des installations qui rendraient possible aux troupes chargées de ce service de s'en acquitter pendant un certain temps.

Pour de telles installations, sous forme de petites **tours cuirassées** (comme sur les monitors), les nombreuses **traverses** offrent des emplacements très-convenables et ces dernières ne perdent pas toute valeur, quand même les pièces de forteresse renonceraient à se servir des ouvrages, surtout des ouvrages avancés, de la manière usitée jusqu'à ce jour.

D'une toute autre importance que le commandement sur le terrain extérieur par les ouvrages avancés, est la question de les mettre à **l'abri d'une attaque de vive force.** Certainement, je ne méconnais pas l'importance de cette condition, mais je ne puis admettre qu'il soit impossible de créer, si cela devient nécessaire, **en dehors** des forts, des **batteries à l'abri d'une insulte,** et cela sans racheter l'avantage de cette propriété pour les défauts qui rendent absolument intenables les remparts des ouvrages avancés.

Je reviendrai ultérieurement sur la question et ne dirai qu'en passant que le fait d'être à l'abri d'une attaque de vive force ne suffit pas seul pour rendre les positions très-exposées propres à une bonne défense. Car précisément les feux plongeants actuels ont rendu la possibilité de tenir les remparts plus contesté que jamais.

Du temps du canon **lisse,** les lignes ricochables et enfilables seules étaient réputées intenables. Avec le canon **rayé,** on a conservé cette manière de voir, au moins pour les cas où la possibilité d'enfiler, malgré les grandes portées, était exclue et on a cherché à se couvrir des feux de flanc par de nombreuses traverses. En même temps on a oublié que la portée actuelle des canons crée la possibilité de prendre parfois de **revers** les lignes dérobées à l'enfilade. Ajoutons que la flexibilité de nos trajectoires suffit à elle seule pour déprécier la valeur des meilleures organisations par des traverses, valeur déjà bien réduite, quand on considère que l'attaque de front n'offre pas des difficultés bien réelles. C'est devant le **tir plongeant des** mortiers **rayés** que la question de l'enfilade a perdu le plus de son ancienne importance; car, si le mortier rayé de 21 cm est en état de contrebattre des batteries types à 2000 m avec beaucoup plus d'efficacité qu'aucune autre pièce, il nous paraît probable que contre un fort, visible bien au loin, il produise encore de bons effets à 3500 m. Ainsi se justifie notre conjecture que dans un temps donné la **fortification** sera forcée de tenir compte des effets du tir plongeant.

Là où on manquera de **locaux couverts** en nombre suffisant et où le fort sera **réduit à sa propre défense**, on ne pourrait nier que l'artillerie de l'attaque, — en agissant avec des forces suffisantes — démolirait l'ouvrage le mieux construit en peu de jours à un tel point que sa prise pourrait être tentée avec chance de succès. Je répète que si même le tir de la défense a la même portée que celui de l'attaque, il a toujours un effet moindre, parce que le but offert donne **moins de prise** que les ouvrages avancés de la fortification actuelle. L'artillerie de la défense ne peut par conséquent qu'**inquiéter** à des distances où l'assaillant **combat**. C'est seulement **quand** celle-ci aussi choisit pour ses batteries des emplacements difficiles à atteindre ou avantageusement dérobées, que l'assiégeant, afin de contrebattre **ces** batteries se voit forcé de s'approcher suffisamment pour n'être plus seulement inquiété, mais encore pour être pris sous le feu avec succès. A cette action, il ne peut plus **se soustraire** en se dérobant, comme il a pu le faire dans la première phase du combat. *

Si donc, d'après ces considérations, une défense par l'artillerie des forts, malgré les dépenses élevées qu'ils exigent, peut être considérée comme n'offrant pas de chances de succès; de plus, si on cherche le **salut en élevant des batteries en dehors des ouvrages**, c'est-à-dire dans la construction, à côté des ouvrages permanents si coûteux, d'ouvrages provisoires qu'on ne peut soustraire à l'insulte que par des forces actives, en même temps qu'on absorbe pour leur construction des troupes réellement destinées au combat, nous pouvons dire de nouveau que les moyens dont disposait la fortification **jusqu'à ce jour sont devenus insuffisants.**

Les canons des forts doivent surtout assurer contre une attaque brusquée. Ils pourront satisfaire à cette condition, quand tous les éléments garantissant contre une attaque de vive force sont très-bien préparés. Où cela n'est pas, l'un ou l'autre fort ne satisfera pas même à cette exigence.** Dans le mémoire du colonel von Sauer. „L'offensive dans la guerre de siége," l'auteur propose de commencer le combat d'artillerie immédiatement après l'investissement, et il démontre aussi bien la possibilité, que l'importance de ce procédé. Nous voudrions appeler une telle attaque un „bombardement à démonter," en étendant l'idée du tir à démonter jusqu'à y comprendre la destruction ou l'affaiblissement du feu de la défense. Devant une telle attaque, le rôle des forts, qui est de servir de soutien dans les combats se livrant sur le terrain en avant d'eux, peut être mis fortement en question.

---

* Voir aussi les chapitres relatifs à ce sujet en „Attaque et défense de places fortes" par von Sauer.

** Voir von Brunner. „Les fortifications peuvent-elles être prises de vive force?" Vienne, chez, Seidel et fils.

Ajoutons que l'action de l'artillerie des forts sera certainement considérablement enrayée, ce qui pourrait devenir fatal, puisque, si on applique rapidement le procédé von Sauer, la construction des batteries intermédiaires est encore arriérée à cette époque du siége.

L'infanterie des forts qui contribue également à repousser une attaque de vive force, ne peut évidemment étendre son action au delà de la portée utile du fusil. Son feu, vu le petit nombre d'armes et les grandes distances qui sont en jeu, ne peut être que de peu d'importance pour les combats dans le terrain en avant des forts. Avec cela, le sentiment d'être en but aux coups ennemis sans pouvoir y répondre énergiquement doit avoir une mauvaise influence sur le moral des troupes.

Quand le moment est venu où l'on n'obtient plus un effet suffisant par l'artillerie des forts, les canons devenus disponibles doivent être transportés de leurs positions dans le terrain extérieur, ce qui ne serait pas facile, surtout pour les pièces de gros calibre et pendant un bombardement tant soit peu intense. Et même alors, l'infanterie des forts n'est pas encore arrivée à exercer une influence réelle sur la marche du combat et naturellement le sentiment de malaise ira en augmentant rapidement sous la puissance croissante du feu de l'assaillant.

Pendant cette période, l'assiégeant a complété ses parcs, le tir de ses gros mortiers peut commencer et il est facile de deviner ce qu'on peut encore attendre de l'action des fronts latéraux pris d'enfilade, surtout étant donnés les derniers progrès accomplis dans le tir plongeant. Déjà le mortier rayé de 15 cm suffit, malgré toutes les traverses, pour empêcher l'installation de pièces sur ces fronts non seulement passagèrement, mais encore définitivement. Si les terres sont tant soit peu consistantes et si le temps est défavorable, les banquettes, les terre-pleins de circulation, les rampes seront tellement bouleversés, qu'il faudra un travail déjà considérable, rien que pour placer des pièces légères. A plus forte raison, quelques coups réussis de temps en temps du mortier de 21 cm suffiront pour maintenir la garnison dans une activité incessante qui l'userait rapidement.

Les fronts latéraux sont cependant la seule protection des positions intermédiaires contre une attaque de vive force. Comme cette protection devient complètement insuffisante, on doit maintenir à proximité des forces considérables en infanterie et les garantir contre les projectiles et les intempéries. On crée par là de nouveaux objectifs au tir de l'artillerie ennemie, ce qui sera plus pernicieux, si les abris se dessinent sur les batteries et les tranchées.

Ménager l'infanterie est cependant de la plus haute importance, car, dans la guerre de siége également, elle est l'arme principale en ce sens, que c'est à elle que revient l'action décisive et finale.

Si on fait combattre l'infanterie en dehors des positions fortifiées, sur le terrain auquel elle est habituée, et si, pour autant qu'il s'agisse de l'effet du tir, on établit à sa place d'autres moyens d'action, on la ménagera mieux que si on l'installe comme soutiens particuliers dans les batteries, c'est-à-dire dans les forts.

La tactique actuelle de l'infanterie repose sur le principe des feux de masse à un moment donné; la difficulté est de pouvoir les fournir, tout en n'offrant au tir ennemi que des buts minces et dispersés.

Quand même la situation de l'infanterie dans les forts répondrait assez bien à cette dernière condition, on peut dire que, même avec une garnison nombreuse et en appliquant une enceinte basse, on n'obtiendrait pas un véritable feu de masse. En rase campagne, sur un terrain qu'on aura pu préparer d'après les diverses conditions de la lutte, on sera maître de concentrer ses forces comme on le voudra.

Les grands forts belges avec réduit et coupure dans le front de gorge, sont, à bien des égards, meilleurs que les petits forts construits dans d'autres pays. Non seulement les forts d'Anvers ont un nombre imposant de bouches à feu, mais l'infanterie aussi y trouve de l'espace et des combinaisons pour la lutte dernière et décisive. Le réduit et les dispositions du front de gorge facilitent les sorties en formation de colonne et rendent possible l'entrée des troupes de secours.

Il va sans dire, que de pareils ouvrages exigent proportionnellement plus de dépenses, mais il ne faudrait pas chercher à diminuer celles-ci en augmentant l'intervalle des forts, qui arriveraient ainsi à une position analogue à celles des très-petites places; ils seraient exposés à être enveloppés, et alors on n'aurait, somme toute, qu' empiré la situation.

Nous croyons avoir établi, ne fût-ce qu'à grands traits, qu'en face de l'état actuel de l'artillerie, le principe de la défense par le rempart découvert est devenu insuffisant pour donner aux bouches à feu de la place un champ de lutte avantageux. Dans la suite nous examinerons plus en détail si, au lieu de faire partir la défense du rempart découvert, il ne faudrait pas la baser sur l'application de casemates sous forme de cuirasses rotatives, et si de cette manière on n'arriverait pas à faire combattre l'infanterie dans de meilleures conditions que celles offertes par les forts actuels.

Chapitre I.

Du choix du métal à cuirasses et des expériences de Cummersdorf.

Dans notre préface, nous avons énoncé le principe que toute idée, en devenant fait, est influencée par la matière qui doit servir à la réaliser. La matière subviendra à l'idée, ou elle lui créera des obstacles. Ainsi on ne saurait améliorer des constructions fortifica- toires qu'en passant un compromis entre ce qui est militairement désirable et ce qui est possible au point de vue de la technique et des finances. Nous allons donc faire précéder notre exposé de quelques mots sur les métaux à cuirasses; nous en supposerons connue la fabrication et les propriétés spéciales; et nous examinerons seulement comment des conditions déterminées doivent faire donner la préférence à l'un ou à l'autre de ces métaux.

Il y a à considérer:

1° Les cuirassements en fer laminé.
2° Les plaques dites Compound, composées d'une plaque en acier et d'une plaque en fer soudées l'une sur l'autre.
3° Les cuirasses en fonte durcie.

Nous ne nous préoccupons pas des **cuirasses Compound;** elles Cuirasses Compound ont particulièrement de l'importance dans le cuirassement des navires où l'exigence d'une réduction du poids domine. En effet, elles peuvent être, à effet égal, de 10 à 15% plus minces que celles en fer laminé; mais elles sont de fabrication difficile et coûteuse et puisque, dans la fortification terrestre, on admet plutôt une augmen- tation qu'une réduction du poids du métal, nous pouvons dire, surtout si cette dernière est obtenue à frais considérables, que la composition Compound n'offre pas d'avantages pour nous, et nous en tenir à la discussion sur le fer laminé et la fonte durcie.

Tant qu'on ne se servait que de projectiles en fonte ordinaire pour attaquer les cuirasses, leur fabrication était relativement facile et pas trop coûteuse; mais, depuis l'introduction des projectiles plus longs et plus durs, les épaisseurs des plaques ont été en augmentant d'une façon réellement inquiétante.

Nous supposons connues les expériences qui ont été faites, sans discontinuer, pour rechercher si une superposition de plusieurs plaques de moindre épaisseur n'était pas préférable à une seule plaque massive d'épaisseur totale égale. Ajoutons seulement que des plaques d'excellente qualité et de la force de 20 à 40 cm, exigée actuellement, sont d'un prix très-élevé.

Cuirasses composées, en fer laminé, système Sandwich. En Angleterre on a adopté, pour la défense des côtes, le système Sandwich, combinaison de 3 à 5 plaques, ordinairement de 15 à 16 cm d'épaisseur, avec couches de bois interposées. Quoique cette combinaison permette d'employer une excellente matière première à frais moindres et qu'elle présente l'avantage de pouvoir renforcer les cuirassements devant le pouvoir croissant de pénétration des projectiles, ce système expose à des mécomptes: Avec les nouveaux obus en acier, si perfectionnés dans ces derniers temps et auxquels on a donné une charge explosive brisante, on peut pénétrer dans les couches assez profondément pour provoquer la destruction de tout l'agencement.

Cuirasses en plaques massives de fer laminé. La pénétration des projectiles dans une **plaque massive en fer** laminé sera certainement moindre. On peut cependant prévoir, quand le métal est très-mou et par conséquent peu exposé à se crevasser, une augmentation considérable du pouvoir destructif des obus à **charge explosive brisante**, surtout quand ils frappent la plaque près **des bords.**

Les deux derniers perfectionnements des projectiles concourent au même but.

Les obus Krupp, d'un excellent métal et martelés sur un noyau, acquièrent par ce procédé une telle dureté qu'il se comportent mieux que des projectiles pleins. En même temps la trempe est si parfaite que, par exemple, le projectile de la pièce de 15 cm, longue de 35 calibres, a percé deux plaques de 18 cm avec une couche de 25 cm de bois interposée; la seule modification qu'il a subie était une usure de 1 mm à la pointe.

Le second perfectionnement consiste à charger l'obus d'une matière explosive brisante. La dureté et la consistance du projectile lui donnent, dans les cuirasses verticales en fer laminé mou, une pénétration suffisante pour utiliser, au moins en partie, le pouvoir brisant de la charge intérieure.

Si ces cuirasses pouvaient être atteintes par des projectiles ayant une vitesse et par conséquent une pénétration suffisante pour permettre à la charge explosive d'exercer son action brisante dans le corps même de la cuirasse, il faudrait songer à un moyen d'empêcher cette pénétration.

Les expériences de Cummersdorf (voir Annexe pages 1 à 12) ont établi que la meilleure manière de résoudre la question est de donner aux cuirasses une inclinaison telle que la pointe du projectile n'y ait pas de prise.

Les plaques en fonte durcie ont empêché jusqu'à ce jour et empêcheront à l'avenir les meilleurs projectiles de pénétrer dans le cuirassement et d'y exercer l'action destructive de leur charge intérieure. Quoique la dureté des plaques obtenues par la coulée ait une certaine aigreur comme corollaire obligé, pour la fonte durcie de Gruson on a su en éviter les inconvénients par une construction bien entendue et une judicieuse combinaison de métaux. Les expériences acquises dans une longue série d'années ont permis à l'usine Gruson de porter la fabrication de ces cuirasses à un haut degré de perfection. Nous supposerons connues les propriétés et la construction de la cuirasse en fonte durcie de Gruson puisque, justement dans ces derniers temps, l'attention des militaires s'est portée de nouveau sur ce métal, et qu'une suite d'expériences importantes l'ont fait connaître.

Les écrits très-répandus du major Küster (voir fascicule 22 der Mittheilungen des Königl. Preuss. Ingénieur-Comités) ont permis tout d'abord d'asseoir un jugement, en faisant connaître et ces expériences, et les conséquences qui en découlent. Depuis lors, le système des cuirasses Gruson a été adopté dans beaucoup de pays.

Mais le progrès dans la fabrication des projectiles a eu une grande influence sur ce genre de cuirassement puisqu'on a réussi à faire pénétrer, ne fût-ce que légèrement, les obus en acier trempé dans la surface durcie et à y agir à la manière d'un coin. Les crevasses se produisirent alors plus vite et plus nombreuses.

Cette supériorité momentanée a été rachetée en dernier lieu par un profilement plus abaissé de la cuirasse, qui fait dévier les projectiles sans permettre à la pointe de pénétrer.

C'est une supériorité incontestable de la fonte durcie de se prêter à un profilement plus oblique sans exiger une augmentation considérable du prix de revient, et sans difficulté dans la production de gros blocs.

On fait aussi actuellement des plaques en fer laminé de grandes dimensions, mais leur prix de revient augmente rapidement avec les proportions.

Quand il faut encore donner à ces plaques une double courbure au moyen de presses hydrauliques, on ne peut souvent réaliser ce procédé qu'à grands frais et avec d'énormes difficultés.

On se laissera guider dans le choix du métal par les problèmes tactiques qu'il s'agit de résoudre dans chaque cas particulier.

On peut faire des cuirasses appropriées, aussi bien en fer laminé qu'en fonte durcie.

Pour résister à des projectiles lourds non animés d'une grande vitesse, le fer laminé sera le plus avantageux; mais contre les projectiles puissants des gros canons de marine, avec une vitesse initiale allant jusqu'à 550 m et une énergie totale résultante de 15000 mt, il faudra employer la fonte durcie. Cependant, pour empêcher la pénétration des projectiles, il sera plus facile d'appliquer des plaques frontales et d'avant cuirasse aux petits coupoles que de se servir de plaques en fer laminé ayant une inclinaison suffisante. Il faut en tout cas considérer, si l'espace intérieur gagné par l'emploi du fer laminé est en rapport avec le surcroît de dépenses que son emploi occasionne.

Nous avons choisi pour les coupoles de notre système, tantôt la fonte durcie, tantôt le fer laminé. Mais ces constructions ne doivent qu'indiquer les principes et seraient à modifier dans chaque cas particulier.

Nous avons été guidé dans nos projets d'extension des constructions cuirassées par la conviction de leur importance dans la fortification et nous avons recherché des constructions qui permettent une application plus étendue du fer, à laquelle le prix élevé de la matière s'était opposé jusqu'à ce jour.

Nous avons d'abord limité le recul de la pièce en le réduisant à un minimum, puis nous avons observé le principe de donner aux plaques en fer laminé une inclinaison suffisante sur la trajectoire pour que le ricochet des projectiles se produise d'une façon assurée.

Notre système de cuirassements a déjà reçu la sanction d'expériences concluantes. Une description détaillée des essais et épreuves de tir de Cummmersdorf se trouve annexe pages 1 à 12, nous allons cependant faire suivre ici un extrait des résultats obtenus.

La construction soumise aux essais est représentée planches II–IV. C'est le type des cuirassements tels que nous les décrirons et qui portent tous les perfectionnements que les expériences ont pu inspirer. Le recul du canon était arrêté par un dispositif à la culasse; celle-ci était équilibrée par un contre-poids et soulevée ou abaissée au moyen de poulies. Le cuirassé se composait de lamelles d'une épaisseur totale de 18 cm. Elle était renforcée par des cassettes en tôle remplies d'une coulée de béton et reposant sur deux flasques de l'affût pivotant sur une cheville.

La disposition oblique donnée aux plaques de la cuirasse était excellente. On a tiré sur le toit cuirassé 18 obus longs du canon de 15 cm en acier fretté, 8 obus en fonte durcie et 13 salves de 4 obus en fonte durcie, puis encore 8 obus du même métal et 4 obus du mortier rayé de 21 cm. Quoiqu'un grand nombre d'atteintes se recouvraient, la cuirasse n'était endommagée gravement en aucune façon. Ni le pivotement de la coupole, ni l'état de service de la bouche à feu n'avaient aucunement souffert.

Même après une nouvelle expérience, exécutée dernièrement, où la cuirasse fut atteinte par le feu de mortiers des plus gros calibres la résistance de la coupole ne fut pas ébranlée.

Chapitre II.

Eléments de la fortification à cuirassements proposée.

1. Affût cuirassé pour canons lourds et pour obusiers.

Les affûts cuirassés de notre système sont conformes, dans leurs parties essentielles, à ceux essayés à Cummersdorf.

Une description détaillée de l'affût cuirassé se trouve annexe pages 13 à 26. Nous ne donnons ici que les principes essentiels de construction.

Le recul de la pièce est supprimé jusqu'à un certain point par l'appui de la culasse ou des tourillons, ce qui n'offre aucun inconvénient d'après les expériences faites dans ce sens à Cummersdorf.

L'affût se compose, voir planche V, d'un toit cuirassé appuyé sur deux forts flasques en fer forgé; toute la construction peut tourner sur la cheville-pivot c, qui est susceptible d'être soulevée et abaissée au moyen d'une matrice d et d'un cabestan f. Dans la position abaissée, la cuirasse repose sur l'avant-cuirasse, dans la position soulevée, elle porte sur le pivot et sur deux roulettes g courant sur des rails.

Comme le poids principal repose sur la cheville-pivot, il en résulte que le frottement est très-petit et que la rotation de l'affût peut s'exécuter rapidement. La cheville-pivot c repose sur un levier e avec contre-poids qui fait équilibre au poids de la coupole. Par un excès du contre-poids la matrice serait arrachée du bloc de fondation, mais puisque l'affût n'a qu'une faible prépondérance, un soulèvement au-dessus de la ceinture de l'avant-cuirasse n'a lieu que par une rotation de la matrice par laquelle la cheville-pivot c est soulevée. Par ce dispositif la pression et le choc se transmettent sur la matrice et la vis, mais pas sur le levier, ainsi que les expériences de Cummersdorf l'ont confirmé. Dans les flasques de l'affût se trouvent deux rainures circulaires, dans lesquelles glissent les tourillons du can n équilibré et suspendu par des chaînes. Il s'élève par le surplus des contre-poids et est abaissé au moyen d'une manivelle.

D'après ces principes sont construits:

 a. l'affût cuirassé pour le canon de 15 cm en acier fretté;
   planche V, annexe page 15.

 b. l'affût cuirassé pour 2 canons de 15 cm en acier frettés;
   planche VI, annexe page 21.

 c. l'affût cuirassé pour 2 canons de 15 cm en acier frettés, avec recul supprimé par l'appui de la culasse;
   planches VII et VIII, annexe page 22.

 d. l'affût cuirassé pour 4 pièces de 15 cm en acier frettées;
   planche IX, annexe page 23.

 e. l'affût cuirassé pour un obusier de 21 cm;
   planche X, annexe page 25.

2. Affût cuirassé pour mortiers.

Planche XI, annexe pages 27 à 32.

Le rôle important que nous avons attribué au mortier de 21 cm dans notre système défensif, a nécessité la construction d'un cuirassement pour le couvrir. La feuille X fait voir que la bouche à feu est placée dans une cuirasse sphérique qui s'adapte dans l'ouverture (embrasure) de la cuirasse circulaire A et la bouche dans toutes les positions. La sphère repose, par des rainures circulaires E, sur une colonne-pivot mobile. Pour le pointage en élévation, on fait mouvoir la sphère dans les rainures E, tandis que la direction est donnée par la rotation de la colonne-pivot. Dans la dernière construction la bouche à feu ne forme plus une partie distincte, mais l'âme du mortier est creusée dans la sphère elle-même.

3. Affût cuirassé pour canons-revolvers.

Planches XIV et XV, annexe pages 33 à 37.

Le but de ces affûts est de soustraire les canons-revolvers au feu de l'ennemi pendant la lutte de l'artillerie, afin de ne les faire entrer en action qu'au moment d'un assaut.

Pour cela, le canon-revolver est placé dans une petite coupole dont le toit est à l'épreuve des coups rasants des canons et des mortiers, et dont la cloison circulaire est à l'épreuve des balles de fusil et des projectiles Hotchkiss. Pendant la lutte de l'artillerie la coupole se trouve dans la position indiquée figure 2. Dans le cas d'un assaut elle est soulevée par des contre-poids, ce qui peut se faire très-rapidement et sans aucune difficulté. La coupole peut alors tourner sur la colonne m et donner des feux dans toutes les directions. Le contre-poids ne dépasse que peu le poids du canon, de sorte qu'on peut opérer facilement la descente de la coupole au moyen d'une mannivelle.

Après avoir fait un exposé préliminaire et rapide des éléments actifs de notre système, pour la compréhension plus complète duquel nous renvoyons derechef aux dessins et croquis, il ne nous reste qu'à indiquer sommairement quelques autres éléments de construction de la fortification cuirassée en les rangeant dans la catégorie des défenses passives. Ils ne font pas partie intégrante du système, mais ils entrent dans une relation plus intime avec les défenses actives que ce n'est généralement le cas pour la fortification actuelle.

Ces moyens de défense sont:

4. Grenades à main.

Planche I, fig. 4, annexe pages 38 à 39.

Ces grenades à main présentent la particularité qu'elles arrivent dans le fossé par des tuyaux partant d'une galérie couverte. La différence essentielle entre leur emploi et celui des anciennes grenades consiste en ce que les troupes qui doivent les manier sont garanties des feux qui précèdent l'assaut et de l'assaut lui-même, et peuvent tranquillement attendre le moment favorable, tandis qu'anciennement les grenades à main étaient mises dans des conduits au bois disposés sur la crête du parapet et qu'elles n'ont été réellement utiles que dans des cas très-rares.

5. Réseaux en fil de fer.

Planche I, fig. 3, annexe pages 53—55.

Tout obstacle n'a de valeur défensive que s'il est tenu sous le feu de l'ouvrage. Les coupoles tournantes présentent donc ici un nouvel avantage, puisqu'elles contribuent à conserver l'action du feu jusqu'au dernier moment. Celles qui remplissent le mieux ce but sont les coupoles à éclipse pour canon-revolver. Il ne faut donc pas juger de la valeur de nos obstacles en fil de fer, abstraction faite des moyens de défense active. Les réseaux en fil de fer ont pour but d'empêcher une attaque par surprise dirigée contre les canons-revolvers et de garantir d'un assaut concurremment avec le feu de ces canons. Si la contrescarpe n'est plus complètement préservée du feu de l'artillerie actuelle les réseaux en fil de fer souffriront également, mais ils peuvent être réparés rapidement.

6. Constructions en arceaux.

Planche XVII et XVIII, annexe pages 50—52.

Nous comprenons sous cette dénomination une construction faite au moyen de T en fer, recourbés en ogive et servant de contre-boutants à de petites voûtes à chape. Des galeries exécutées de cette manière sont précieuses, parce qu'elles permettent l'établissement rapide de locaux casematés et de logements immédiatement habitables. De plus, elles se prêtent à une adjonction organique aux positions cuirassées, et elles sont fort économiques.

Chapitre III.

Constructions d'ouvrages cuirassés.

1. Considérations générales.

Dans ce chapitre, nous décrirons quelques types de forts cuirassés, puis nous traiterons séparement des conséquences tactiques que les cuirasses auront pour la fortification.

Dans ce genre, comme dans la fortification ancienne, nous aurons à distinguer les **forts de ceinture**, les **groupes de forts** et les **forts isolés**.

Déjà dans l'introduction, nous avons présenté les relations entre l'attaque et la défense, telles qu'elles résultent des progrès dans la technique des armes à feu. Vous avons fait remarquer que ce sont surtout les progrès faits dans le tir courbe qui imposent une réforme de la fortification. Depuis la publication de la 1ère édition de notre ouvrage, d'autres progrès sont à signaler: on est parvenu à donner au tir des gros mortiers rayés un haut degré de perfection, non seulement en justesse, mais aussi quant à la puissance de ses obus. Ces faits nous forcent à formuler le principe fondamental de la fortification qui, s'il s'est imposé avec le temps, n'a trouvé qu'une application incomplète à cause de l'insuffisance des matériaux de construction.

Ce principe sera formulé ainsi: **Il faut opposer également à l'attaque un nombre suffisant d'objectifs de tir petits et capables d'une bonne résistance.**

Il est naturel que chaque adversaire cherche à s'approprier les avantages de l'autre et à atténuer ses propres défauts.

Les avantages spéciaux de l'assiégeant sont, abstraction faite d'une supériorité morale, d'offrir au tir des objectifs petits et peu apparents, tandis qu'une défense basée simplement sur le rempart offre aux canons de l'attaque des buts visibles au loin et presque

toujours d'une étendue suffisante. Nous aurons l'occasion de revenir
sur les causes de cet état de choses. En élevant davantage le rempart,
on a eu en vue de mieux découvrir le terrain extérieur et de rendre
plus difficile le défilement vertical des travaux d'attaque.

Cette supériorité est de peu de valeur, puisque les combats
préliminaires ont préparé et facilité l'attaque décisive au bord du
fossé. En ce qui concerne le commandement sur le terrain extérieur,
nous accordons qu'il est avantageux de s'élever jusqu'à 6 et même
jusqu'à 10 m, et nous appliquerions volontiers cette disposition à
nos ouvrages cuirassés. Mais, déjà dans notre introduction, nous
avons démontré que cet avantage est plus que balancé par les inconvénients et que, pour l'artillerie au moins, si on doit exiger en
principe une position élevée pour l'observateur, celle-ci n'est aucunement favorable pour les pièces en batterie. Faisons remarquer quelle
facilité l'assiégeant a de se créer des observatoires en se servant des
localités ou en construisant des échafaudages dérobés à la vue.
Même d'une batterie encaissée il peut reconnaître les remparts élevés
de la fortification. S'il en était autrement, si les batteries de la
forteresse étaient encaissées ou peu élevées, comme cela se présente
de fait pour les batteries intermédiaires, l'observation du tir serait
aussi difficile pour l'assiégeant que pour le défenseur. Puisque nous
allons faire voir dans la suite que l'emploi de la cuirasse nous
permettra de renverser les termes, en ce sens que les buts offerts au
tir de l'assiégé seront plus petits que ceux offerts par l'assiégeant,
on pourrait vouloir en déduire qu'il serait loisible d'élever les pièces
cuirassées afin de mieux découvrir le terrain. Mais la puissance si
considérablement accrue du mortier nous fait renoncer à l'avantage
du commandement pour la fortification cuirassée et nous porte à
adopter le principe déjà annoncé. Il faut opposer également à l'attaque
un nombre suffisant d'objectifs de tir petits et capables de résister.
Nous ferons voir dans la suite que, grâce au fer, un tel déploiement
de moyens défensifs est très-possible, et cela tout en les mettant à
l'abri d'une attaque de vive force et sans rendre trop difficile la
conduite du tir.

Le principe fondamental que nous avons établi sera motivé tout
spécialement par la considération suivante:

Le gros mortier, lançant un obus-torpédos à une distance de
3500 m, peut facilement recevoir un emplacement dérobé aux vues de
l'assiégé, quel que soit le relief donné aux ouvrages. Mais l'effet des
obus du mortier est si considérable que, si même on parvenait à rendre
la cuirasse assez résistante, les maçonneries et les ouvrages en terre
avoisinants seraient fortement compromis. Donc, malgré l'emploi des

cuirassements et de l'affût pour mortier rayé que nous avons décrits, il serait difficile de mettre dans toute sa valeur la puissance balistique de la fortification cuirassée, si on conservait un relief considérable. Ce qui reste à faire, par conséquent, est de chercher à imiter l'adversaire en appliquant le principe que nous avons formulé.

Tant que l'assiégeant ne voit pas son plus dangereux ennemi, le mortier rayé lançant de gros obus à grande distance, il lui sera également difficile d'observer son but et il sera par conséquent obligé de se rappocher d'avantage. Mais il serait toujours vu plus facilement des ouvrages cuirassés, même avec un très-faible relief qu'il ne pourrait voir d'une batterie encaissée. Un chemin-couvert de 2,50 m de relief est certainement un meilleur poste d'observation qu'une batterie encaissée. Il en résulte que l'attaque et la défense construiront des observatoires, en se servant des mêmes moyens. C'est en vue de ces constructions que nous recommandons des plantations d'arbres qui en fourniront les matériaux et se prêteront d'une façon toute spéciale à soustraire les ouvrages fortifiés aux vues de l'ennemi.

Résumons ainsi ce qui précède: **Des forts cuirassés doivent être à faible relief et, comme les pièces doivent être disposées de façon à n'être pas comprises à la fois dans la dispersion naturelle des canons de l'attaque, nous sommes conduits à former des groupes d'ouvrages quand un plus grand nombre de pièces doivent être réunis en un point.**

Les types d'ouvrages cuirassés planches XIX—XXII, dont les éléments sont connus du lecteur, ont bien été conçus en observant ce principe, **mais pas encore en tenant compte suffisamment de toute la puissance des mortiers du dernier modèle.**

Les constructions représentées sur ces planches répondaient à toutes les exigences vis-à-vis de l'artillerie de siège à l'époque de leur constitution. Maintenant encore, nous aurions peu de chose à y changer, s'il ne fallait tenir compte que des effets de l'artillerie. Cependant nous sommes obligés de renoncer aux avantages incontestables d'un poste d'observation central, parce que ces observatoires rendent en général les positions cuirassées facilement reconnaissables. Si, pour découvrir le terrain extérieur, il faut absolument un relief plus considérable, on peut le constituer au moyen d'un remblai qui servira en même temps de couvert aux locaux destinés aux observateurs. Il fournira de plus l'emplacement d'observatoires qui n'offrent que très-peu de prise au tir et assurent, au moyen du fer, une protection suffisante, même contre les obus-torpédos du mortier rayé de gros calibre. Si l'assiégeant songeait à user tout spécialement de ses gros mortiers contre de tels observatoires, il ne pourrait obtenir finalement qu'un résultat en dehors de toute proportion avec les moyens mis en oeuvre, sourtout si la défense avait eu soin de placer ces observatoires de façon que pendant leur démolition aucune partie vitale de la fortification ne fût atteinte, et qu'ainsi le dommage se bornât à la perte d'un simple moyen de faciliter le service. Pour détourner le feu des mortiers, on pourrait être conduit à construire des simulacres d'observatoires, contre lesquels l'assiégeant userait son tir, tandis que les véritables seraient cachés par des plantations et ne seraient pas découverts.

Nous considérons comme suffisamment important ce principe assez longuement discuté d'établir des objectifs de tir petits et peu apparents, pour nous déterminer à ajouter aux types des planches XIX—XXII de la 1ʳᵉ édition un **5ᵉ projet renseigné planche XXIII où ce principe est rigoureusement observé.**

Nous aborderons maintenant une question capitale, savoir, si de grands forts à larges intervalles sont préférables à de petits ouvrages rapprochés les uns des autres. Nous la discuterons d'une façon plus approfondie, parce que nous voulons montrer l'influence de l'emploi des cuirasses et, en particulier, parce que le général Brialmont a combattu notre prédilection pour les petits ouvrages à intervalles réduits. (Voir Brialmont: la fortification à fossés secs, Tome II, Chap. XIII).

Il n'y a que les grands forts, pourvus de tout ce qui est nécessaire à une défense pied à pied, et commandés par des officiers choisis, qui puissent résister longtemps à une attaque pied à pied, conduite d'après les principes de la poliorcétique moderne.

Les petits forts en fer atteindraient le même but, si leur garnison était renouvelée fréquemment; mais l'on n'a pas encore trouvé un type de ce genre qui, sous le rapport de la dépense et de la durée de la résistance, offre toutes les garanties nécessaires (Brialmont: la fortification à fossés secs, Tome II, page 380.)

Depuis lors, le développement de l'artillerie a donné plus d'adhérents à notre opinion, quoique nous nous serions rangé à l'avis du général Brialmont, si on devait se borner à la défense par le rempart découvert.

Étant donné le développement en profondeur des grands forts, il est naturel de chercher à obtenir un déploiement de ligne de feu au moyen de batteries intermédiaires. Mais, vu le peu de force de la garnison dans les conditions ordinaires, et l'étendue et l'urgence des travaux nécessaires, il est malheureusement très-probable qu'ils ne seront exécutés qu'imparfaitement, tout en exigeant une grande dépense de forces. Cela deviendra encore plus périlleux, si, comme nous l'avons dit, l'assiégeant trouve moyen de commencer l'attaque par l'artillerie plus tôt qu'on ne l'a admis jusqu'à ce jour. La défense doit songer à se créer de nouvelles ressources, puisque l'assiégeant a un surcroît de forces à sa disposition. Nous voulons donc créer, déjà en temps de paix, au moyen de cuirassements, de petits ouvrages qui réunissent le plus possible les avantages des batteries d'attaque à tous les moyens de défense que l'on peut préparer pendant la paix. A ce propos, citons cependant les principales objections que le général Brialmont a formulées contre les petits intervalles. Dans l'ouvrage célèbre „Traité de fortification polygonale" cet auteur dit, Tome I, pag. 179—180.

> Le camp retranché doit-il se composer de petits ouvrages à défense mutuelle ou de grands ouvrages à défense indépendante. Cette question, longtemps controversée, a été résolue dans le sens des grands ouvrages par les ingénieurs qui ont construit les camps retranchés de Paris, de Cracovie, d'Anvers et de Portsmouth. Plusieurs raisons justifient cette solution:
>
> 1. La défense mutuelle des forts est peu efficace la nuit, dans les temps de brouillard et lorsque la fumée couvre la plaine.
>
> 2. Sous le rapport des attaques de vive force et des attaques pied à pied, un grand ouvrage à défense indépendante offre plus de garanties qu'un petit fortin à défense mutuelle. Le premier, avec une garnison de 1000 à 1500 hommes, pourra soutenir énergiquement l'assaut, tandis que le second, avec un petit détachement de 200 à 300 hommes, devra se borner à une résistance passive. Les défenseurs du premier seront aussi dans de meilleures conditions morales et généralement mieux commandés. L'un des inconvénients des ouvrages à défense mutuelle est d'exiger un grand nombre de commandants: or, dans toutes les armées, même les plus aguerries, il existe peu d'hommes en état de bien défendre un poste fortifié.
>
> Un autre inconvénient de ces ouvrages est de produire le morcellement de la défense et la dispersion des batteries.
>
> Il est évident qu'un fort, armé de 130 canons (tel que ceux d'Anvers) appuiera plus efficacement les opérations de l'armée active, qu'une tour maximilienne armée de 11 canons à ciel ouvert, ou une tour Cavalli, armée de 4 canons cuirassées, ou un fortin Meyer armé de 20 bouches à feu à ciel ouvert et de 20 bouches à feu casematées formant un total de 40 pièces, dont 11 seulement battent le front de la position.

Par des arguments semblables, l'auteur combat également notre projet de remplacer les grands forts par de petites batteries blindées ou par des groupes de ces batteries.

En ce qui concerne d'abord l'objection, que l'appui réciproque que les petits ouvrages peuvent se prêter pendant la nuit, dans les temps de brouillard ou lorsque la fumée couvre la plaine, est illusoire, nous l'admettons quand il s'agit d'ouvrages à remparts découverts. Nous accordons même que dans des conditions normales l'appui mutuel cesse aussitôt que l'attaque a atteint le glacis. Mais quand la défense se fait par des ouvrages cuirassés, l'appui réciproque des ouvrages a une très-haute valeur, comme nous le ferons voir par des exemples concrets. (Brialmont est d'accord avec nous sur ce point.*)

Mais alors l'objection que les petits ouvrages, avec 200 ou 300 hommes, sont moins propres à soutenir un assaut que des forts de 1000 à 1500, se présente sous un tout autre jour. Nous devons également renvoyer ici aux exemples que nous allons donner, afin de présenter cette relation sous son véritable aspect, et pour fair ressortir toutes les conséquences de l'application du principe du cuirassement. Disons seulement que l'importance de la garnison sera en rapport avec l'étendue du champ de la lutte: le rempart qu'elle a à défendre; et que l'assiégeant devra proportionner ses moyens d'attaque à l'importance de l'objectif.

Dans les derniers temps, avec les progrès de l'artillerie, les difficultés, donc aussi les frais de construction de locaux à l'épreuve ont augmenté dans une forte proportion. Et si déjà antérieurement il a été difficile d'assurer à une forte garnison les moyens de sortir des casemates facilement et en bonne formation pour repousser un assaut, cette difficulté se changera en impossibilité si les forts peuvent être soumis à un feu de mortiers rayés réglé comme un tir de polygone.

Nous ne pouvons pas d'avantage admettre que la valeur morale des petites garnisons de nos forts cuirassés soit moindre que celle des grandes et qu'elles soient ordinairement moins bien commandées. Dans les petits forts, la situation est si simple que, au moins en ce qui concerne l'armée allemande, il ne serait pas difficile, à notre avis, de trouver un nombre suffisant d'officiers complètement en état d'exercer le commandement, et dont l'influence personnelle sur une petite garnison serait même d'une grande valeur. Le commandant de compagnie dans l'armée allemande est une personnalité qui exerce le plus grand effet sur le moral de la troupe. Nous montrerons d'ailleurs dans la suite qu'un officier supérieur peut réunir plusieurs de ces petits forts sous son commandement.

En ce qui concerne le principe du fractionnement de la défense par suite de la ˵dispersion des batteries,˶ nous l'établissons comme objectif principal de notre système et, étant donnée la tactique moderne de l'artillerie, de déployer ses forces dans des positions intermédiaires, nous pouvons écarter l'objection ci-dessus. Il est finalement indiscutable qu'un fort d'Anvers avec 130 canons est préférable à une tour de Linz de 12 canons ou à une coupole Cavalli de 4 pièces; mais quand nous aurons établi combien de pièces cuirassées, réunies en petites

---

* La fortification à fossés secs. Tome II. page 360.

batteries, nous pouvons installer pour le prix de revient d'un seul fort de 130 canons, la comparaison tournera à notre avantage.

Le Colonel von Sauer exprime l'espoir qu'avec le temps la fortification saura tenir compte des effets du tir plongeant, puis il continue en ces termes (Beiträge zur Taktik etc. page 53):

> Pour le moment, ceci ne semble réalisable de deux manières; ou bien on met toutes les batteries à l'épreuve de la bombe et du tir direct, ce qui n'est entièrement réalisable actuellement qu'au moyen de cuirasses — alors on peut les laisser dans les forts ou les y reléguer — ou bien, ce qui serait plus économique, on replace les batteries autant que possible qu'en des points difficiles à atteindre et bien dérobés — donc pas dans les forts — et on ne se sert de cuirassements que pour les seules pièces qui ne peuvent être garanties du feu d'une autre manière et ne peuvent recevoir un autre emplacement tout en remplissant complètement leur but.
>
> La première voie a été essayée, du moins en partie, dans les nouvelles fortifications françaises, qui tiennent compte également de l'effet du tir ennemi contre le terre-plein des forts au moyen d'un **système de communications complètement couvertes**.

Le colonel von Sauer se décide pour le second moyen, celui de transférer les batteries des forts dans les intervalles.

Des considérations générales qui précèdent, nous pourrons déjà déduire pourquoi, malgré l'accord sur l'impossibilité de tenir les forts, nous ne cherchons pas la solution par le premier moyen, et nous espérons prouver que le second conduira au but, lorsqu'on aura pris la détermination toute nouvelle de ne pas considérer les cuirassements comme rapiéçetage de la vieille fortification, mais comme la base de tout un nouveau système.

D'après cela, et spécialement à cause du tir des mortiers à grande distance et à puissance beaucoup plus redoutable, nous croyons n'avoir plus besoin de motiver d'avantage le principe que nous voulons établir: „**Petits ouvrages et petits intervalles.**" Nous aurons encore souvent l'occasion de faire ressortir la différence fondamentale de ce principe avec celui de la fortification actuelle.

Les forts de ceinture admettent un front de gorge qui a l'avantage inhérent de fournir des casernements garantis des coups. Mais nous ferons voir combien est critique la position des ces fronts quand les intervalles sont grands et quand la ligne est forcée. Puis nous montrerons les avantages d'un fort pouvant faire face de tous côtés, avantages indiscutables pour les ouvrages isolés, et que nous allons également mettre en évidence pour les forts de ceinture, par des exemples spéciaux.

Par avance, nous poserons ici la thèse: **Les forts cuirassés doivent pouvoir faire face de tous côtés,** avantage qui ne peut être obtenu que par des cuirasses rotatives. La facilité avec laquelle cela est réalisé par les cuirassements nous parait le principal mérite de ceux-ci. Alors toutes les considérations de défilement aussi bien horizontal que vertical tombent, tandis qu'avec la défense par le rempart découvert, elles enserrent constamment l'ingénieur et sont une source d'inconvénients auxquels on saurait à peine parer au moyen des palliatifs actuels et en face des progrès de l'artillerie.

Le fort cuirassé aura par conséquent une forme circulaire, telle que nous l'avons esquissée planche XX; mais il pourra tout aussi bien et avec une grande souplesse s'adapter à toutes les formes de terrain. Nous n'aurons donc aucune différence à faire entre les forts de ceinture et les forts isolés, en dehors de l'avantage des fronts de gorge de fournir des emplacements pour logements. La condition que nous posions pour les forts de ceinture, de recevoir un entier appui des ouvrages collatéraux, sera maintenue pour les ouvrages isolés en ce sens que les grands moyens défensifs seront divisés par groupes.

2. Types d'ouvrages cuirassés.

a. Ouvrage demi-circulaire
avec front de gorge et batteries annexes pour mortiers.
Planche XIX.

En avant d'une batterie-tourelle dont la cote pour l'axe des pièces est de + 6,30 m, et de front, est placée une bonnette sur environ 120° qui couvre jusqu'à la cote + 7 la batterie-tourelle, donc justement assez pour que les tranches de la bouche des pièces soient encore marquées et pour permettre un pointage direct au moyen d'un guidon disposé sur l'enveloppe cuirassée. Autour de cette espèce de cavalier sont placés sur une large berme et à des distances égales 6 canons-revolvers Hotchkiss de 53 mm battant le glacis par un feu rasant. Un fossé, dont le fond a la cote — 5 et qui sera rendu infranchissable par des obstacles en spirales de fil de fer, sépare l'emplacement des pièces d'un chemin de ronde à la cote — 0,80. La crête du glacis s'élève à + 1,20. Ce chemin de ronde est couvert, ainsi que le fond du fossé, d'un réseau en fil de fer qui les rend d'un passage difficile. Des positions Hotchkiss partent un certain nombre de tuyaux à bombes qui défendent le fossé au moyen de grenades à charge intérieure de dynamite. Les talus du fossé ont un revêtement en maçonnerie incliné au ¹⁄₂.

Aux extrémités du fossé de la gorge se trouvent deux batteries pour 2 mortiers rayés chacune. Pour leurs magasins et communications, voir la planche, de même que pour les communications entre le cavalier et les magasins à proximité. Les locaux casematés pour

troupes sont placés dans l'arrondissement de la gorge du cavalier;
un local pour le ménage ainsi que des corps de garde pour la sûreté
de la rampe de la gorge et des poternes se trouvent dans la contre-
carpe. Le fossé de la gorge est flanqué par les locaux d'habitation.
Des fossés diamant (à la cote — 7.50) qui séparent la gorge du
fossé capital, on peut observer ce dernier et, dans le même but, à la
partie saillante, il y a une guérite en tôle à l'épreuve de la mousqueterie. (Voir le plan et la coupe G G) Les propriétés tactiques
de cet ouvrage seront discutées dans le 3 chapitre de ce traité.

b. Ouvrage circulaire avec batteries annexes pour obusiers.

Planche XX.

L'ouvrage esquissé à la planche XX a reçu la forme circulaire
qui, si d'autres considérations n'interviennent pas, peut être considérée
comme le tracé type des forts cuirassés avec batteries rotatives. Nous
avons déjà indiqué plus haut la faculté de diriger les pièces dans
tous les sens, l'indépendance de toute idée de défilement, aussi bien
vertical qu'horizontal, comme étant la propriété la plus précieuse de
ces ouvrages, et qui devait avoir une influence décisive sur la conception des projets de forteresses. Le tracé type de la planche XX
a reçu en outre la forme circulaire pour mettre en évidence l'influence
des cuirassements sur la marche du combat, aussi bien pour les **forts
de ceinture** que pour les **ouvrages isolés**.

Au centre de l'ouvrage se trouve une batterie-coupole de 4 canons
de 15 cm modèle planche IX. L'axe horizontal du canon est à la
cote + 9.50. La batterie est entourée d'une bonnette (+ 9.75) dont
nous indiquerons la destination spéciale. Au pied de cette bonnette
se trouvent 18 affûts cuirassés pour le 9 cm, ou mieux encore pour
canon Hotchkiss de 53 mm. type planche XIV. Latéralement, correspondant aux glacis annexes des forts modernes, sont placées 2 batteries
à 6 affûts cuirassés pour obusiers de 21 cm, type planche X.

Pour les casemates pour locaux de logement, magasins à munitions, et communications, ainsi que pour le profil du fossé, voir la
planche.

La largeur du fossé est de 22.5 m au fond, lequel se trouve à
la cote — 6 m au pied des escarpes et de — 7.50 m au milieu. Les
talus sont revêtus, jusqu'à 3 m de hauteur et sous 50°, en maçonnerie
si on peut s'en procurer facilement, sans quoi on peut les laisser non
revêtus. A la cote — 2 m se trouve une berme de 4 m de largeur
et la crête du glacis s'élève à + 2,5 m. Le fossé et la berme ont
des réseaux en fil de fer.

c. Groupe de batteries avec banquette pour mousqueterie.

Planche XXI.

L'esquisse, planche XXI, diffère en ceci du type décrit précédemment, qu'on a conservé dans la fortification cuirassée certains éléments de la défense par le rempart à ciel ouvert.

On a adopté le tracé rectiligne, avec annexes très-courtes, en forme de flanc sous un angle aigu. L'ouvrage a une espèce de caponnière centrale avec étage de feux pour mousqueterie; l'ouvrage est ouvert à la gorge.

Sa destination est de servir de grande batterie intermédiaire, devant surtout fournir des feux flanquants.

Les 4 canons de 15 cm en acier fretté répartis dans des cuirassements différents doivent participer, pour une plus large part que dans les projets discutés, au combat d'artillerie et y seront soutenus par 4 mortiers rayés de 21 cm ou par des obusiers.

L'ouvrage est donc armé de 8 grosses pièces sous cuirasse et de 6 canons-revolvers Hotchkiss de 53 mm placés à la façon ordinaire connue dans des affûts cuirassés à éclipse.

Les 6 revolvers sont disposés de façon à battre d'abord le front de l'ouvrage et à flanquer le fossé sous leur dépression maxima. Le revolver de 53 mm s'est imposé pour pouvoir atteindre avec efficacité jusqu'aux ouvrages collatéraux, distants de 2000 m, et, dans ce but, le calibre de 37 mm eût été insuffisant. 100 fusils, tirant à rempart découvert, concourent à la défense frontale et des angles d'épaule, et battent l'arrondissement antérieur de la caponnière. Pour l'infanterie, on a appliqué au rempart deux traverses-abri avec observatoires.

Une simple inspection du dessin suffit pour comprendre la disposition des locaux pour troupes et des magasins à munitions. Pour le cas où l'ennemi, forçant la ligne en passant par les intervalles, attaquerait l'ouvrage par la gorge, on a mis les premiers dans le corps du rempart (comme au projet planche XIX) et on les a éclairés artificiellement.

Les pièces de combat ont une action et une résistance égale dans tous les sens, tandis que le rempart empêche le feu des revolvers Hotchkiss vers la gorge de l'ouvrage.

La gorge ouverte est défendue par des galeries pour mousqueterie, comme le montre le dessin; il est vrai qu'elles seraient facilement détruites par le canon les prenant à revers.

Les défenses passives contre l'assaut sont semblables à celles des ouvrages décrits précédemment. Le fossé est garni de réseaux en fil de fer et, là où le fil manque de flanquement, on a appliqué des tuyaux à bombes. Les batteries de mortiers, un peu retirées, sont sous la protection des affûts cuirassés pour 15 cm.

d. Grand fort isolé avec ouvrage central circulaire.

Planche XXII.

Au début de cet ouvrage, nous avons signalé comme une supériorité marquante de la fortification cuirassée qu'il faudrait lui accorder une valeur stratégique spéciale, puisqu'il serait de nouveau possible aux forteresses de satisfaire aux différentes exigences qu'on doit imposer aux places fortes en temps de guerre.

Nous faisions ressortir que les seules proportions géométriques des grands camps retranchés avaient rendu possible l'établissement de positions pour l'artillerie, de telle sorte qu'elles ne seraient pas, dès le début, vouées à la destruction. Nous avons fait remarquer en outre, qu'aussitôt que les fortifications peuvent être battues par des feux convergeant de toutes parts ou de quelques directions seulement, l'art de l'ingénieur disposant des seuls moyens actuels serait insuffisant pour créer une résistance proportionnée aux dépenses et aux ressources mises en jeu. Dans ce cas, et devant le feu plongeant de l'artillerie moderne, il est tout simplement impossible de combattre avec succès à rempart découvert.

Déjà en donnant le type planche XX, nous avons fait remarquer que cet ouvrage était complètement indépendant de la direction des feux de l'assaillant et par conséquent très-approprié à être placé soit isolément soit dans un groupe de petits ouvrages. Il n'est cependant pas conçu dans l'hypothèse d'un isolement complet, mais plutôt dans celle d'une assistance momentanée.

La feuille XXII donne le type d'un fort entièrement isolé, ayant une destination pareille à celle des forts d'arrêt français de la frontière de l'est, ou analogue à celle des places de Thionville, Sarrelouis, Lötzen etc.

On a donc prévu une garnison plus forte, non pas pour étendre le rayon d'action sur le terrain extérieur, mais pour permettre de relever fréquemment les troupes engagées au combat.

Le dessin indique suffisamment la disposition générale.

6 batteries entourent une position centrale qui les met à l'abri d'une attaque de vive force, et sont destinées à soutenir en première ligne la lutte d'artillerie.

Les 6 batteries sont armées chacune de 2 canons de 15 cm en acier fretté, les 6 batteries à mortiers ont chacune 4 mortiers rayés de 21 cm.

Contre une attaque de vive force, l'ouvrage dispose de 24 canons-revolvers Hotchkiss du calibre de 37 mm; il est entouré d'un fossé étroit, le fond à la cote — 6,5 m, dont les escarpes à voûtes en décharge servent de locaux pour les troupes.

On a admis la possibilité de positions d'artillerie ennemies dans toutes les directions. Les aménagements de détail des batteries sont faits en conséquence, de même que ceux des locaux de logements et des magasins à munitions. Les premières sont des casemates dans l'escarpe à voûtes en décharge du fossé du noyau, défilées contre les coups sous l'inclinaison de 30°.

Les magasins à munitions et laboratoires sont toujours placés immédiatement en dessous des pièces.

Trois poternes doubles conduisent de l'ouvrage central au chemin couvert qui l'entoure; son terre-plein est à la cote — 4,50 m, la crête à + 2 m.

C'est dans ce chemin couvert que se placeront les pièces mobiles, environ 12 canons de 12 cm et 12 canons courts de 15 cm. Une chaussée circulaire facilite le transport.

Les batteries pour les canons de 15 cm en acier fretté ne sont apparentes que comme de petites rondelles, puisqu'elles ne dépassent que légèrement la ligne de feu, tandis que les banquettes intermédiaires se présentent comme courtines brisées en dehors.

e. Groupe de forts.

Planche XXIII.

Le fort planche XXIII a été projeté d'après les mêmes conceptions que le fort planche XXII.

On a réuni en un même groupe 3 petits forts indépendants, à 19 canons, reliés entre eux par des lignes intermédiaires. Ce groupe peut aussi bien faire partie d'une ceinture de forts, avec son intervalle, que s'adapter de toute autre façon au terrain. Pour l'établissement de l'artillerie aussi bien que pour être à l'abri d'une attaque de vive force, on a employé les mêmes éléments que précédemment. Nous faisons cependant remarquer la modification au profil qui provient de l'observation du principe de soustraire les cuirassements autant que possible à la visée de l'ennemi. L'inspection de la planche XXIII permet de s'en rendre compte; des plantations convenables y contribueront également.

Le fossé se présente comme l'avant-fossé d'un glacis et il est garni d'une quintuple haie en fil de fer. Il y a des locaux en abondance, ils ne présentent, de même que les communications, aucune modification caractéristique aux dispositions décrites antérieurement.

L'ouvrage est armé de 69 canons dont 57 sous cuirasse et 12 mobiles. Pour les bouches à feu mobiles, on a pourvu les communications entre les forts de plateformes et locaux-abris.

Chacun de ceux-ci est armé de

1 canon de 15 cm en acier fretté avec affût cuirassé, voir planche V
6 obusiers de 15 cm . . . . " " X
6 canons-revolvers de 53 mm . . . . " " XIV
6 " " de 37 mm . . . . " " XV.

L'ouvrage reçoit une garnison de 750 hommes, pour lesquels il y a 3100 ☐m de locaux à l'épreuve de la bombe. Ajoutons-y 5500 ☐m de magasins à vivres, 1100 ☐m de magasins à munitions et 1200 ☐m de communications.

Chapitre IV.

Relations tactiques des forts cuirassés.

---

1. Rôle des bouches à feu cuirassées dans le combat.

a. Mortiers.

Après avoir décrit dans le chapitre précédent la constitution générale de nos forts cuirassés, nous allons en discuter le rôle tactique et nous commencerons par préciser le but de chaque espèce de bouche à feu.

Le colonel von Sauer dit, page 43 „Beiträge zur Taktik etc.":

Abstraction faite des batteries de 1re position, dont le but principal est de rendre intenables les remparts de la forteresse et des ouvrages avancés, le véritable combat d'artillerie ne commence qu'à portée de fusil, c'est à dire peu au delà d'une distance moyenne de 1000 m. Justement cette particularité typique montre ce qu'il y a de contradictoire dans une telle manière d'opérer; tandis qu'en rase campagne il est impossible de déployer l'artillerie à 1000 m d'une artillerie ennemie non ébranlée, un tel procédé est parfaitement admis vis-à-vis d'une forteresse bien armée et cela grâce à un excellent système de construction des batteries d'attaque.

Le colonel von Sauer attribue la supériorité de ces batteries à l'effet particulier des obus explosifs et aux dimensions restreintes du couvert, qui offre peu de prise au tir. L'auteur discute ensuite les rapports qui existent entre les buts offerts par l'attaque et par la défense. Il fait voir les difficultés du tir à démonter, et arrive finalement, à la suite de ces investigations, à la conviction qu'il est réservé au **tir plongeant**, et particulièrement à celui des **gros mortiers**, d'amener un **revirement favorable à la défense**, qui, elle surtout, doit user largement de ce tir. Heureusement elle peut le faire, puisque les difficultés techniques dans la construction des bouches à feu à tir plongeant sont résolues de façon à satisfaire à toutes les exigences.

Le colonel von Sauer continue en ces termes:

Il n'est pas nécessaire de retracer ici le tableau saisissant des résultats obtenus par un tir de 60 à 70 coups avec la bouche à feu précitée * au delà de 2000 m, donc à la double distance du tir à démonter. Je me bornerai à résumer

---

* l'obus a une charge explosive de 4,5 kg.

ces résultats en disant que 25 % de coups réussis ont suffi pour mettre la batterie **complètement hors de combat**, non seulement en endommageant les **pièces** et leurs **affûts**, mais encore en détruisant les **plates-formes**, en tuant ou blessant les **servants** et en bouleversant ou en comblant à un point jusqu'alors inconnu le **parapet**, le **terre-plein**, les **magasins à munitions** et les **abris** de la batterie.

Étant donné ces résultats, il pourrait sembler étrange qu'on ne se soit pas rendu compte depuis longtemps de la valeur du tir plongeant, qui est le meilleur moyen de lutte contre les batteries d'attaque. Mais il faut considérer que ce tir ne devient réellement redoutable qu'avec l'introduction d'une bouche à feu bien appropriée. La batterie type „(Normalbatterie)" avait pendant longtemps rempli toutes les conditions pour opposer au tir tendu la résistance la plus tenace et on n'a pu songer à vaincre cette résistance qu'au moyen d'un mortier qui, par ses propriétés balistiques et la dispersion des coups, pouvait être classé de pair avec la bouche à feu à tir direct. Je n'ai pas l'intention d'entrer dans une relation détaillée des **grandes difficultés techniques** qu'il fallait vaincre avant d'arriver à constituer par un développement successif ce nouveau genre de pièces. Je veux seulement faire remarquer que l'effet du **tir plongeant** contre les batteries même à la distance **double** du tir-à-démonter est de **cinq à dix fois** supérieur à celui du tir direct, et qu'il présente de plus l'avantage de pouvoir être employé, même dans les cas où le **but** est complètement **dérobé** au tir tendu.

Si cette pièce tient ce qu'elle promet, il en résultera, que l'emploi du tir courbe, non seulement **portera** la distance du **combat d'artillerie** à 2000 m, mais encore **transformera complètement** les conditions de ce combat.

Jusqu'à ce jour, la défense devait mettre tout en œuvre pour être prévenue **à temps** de l'emplacement des batteries ennemies, afin d'éviter avant tout d'être surprise; à l'avenir elle pourra **attendre** tranquillement que les intentions de l'adversaire se dessinent et concentrer alors sur lui l'effet destructeur du tir plongeant. C'est que le mortier possède des propriétés précieuses: Il n'a pour ainsi dire pas de limites du champ de tir; il peut même faire „feu en arrière," si la plate-forme est construite en conséquence; il peut lancer ses obus par-dessus tous les obstacles, maisons, forêts, collines. Il n'exige pourtant que les plus modestes installations, telles qu'un pli de terrain ou un petit obstacle qui le dérobe aux vues. Il en résulte que la défense pourra se **créer** sans aucune difficulté des **emplacements pour mortiers**, dérobés même au **feu plongeant**, et obliger l'assiégeant à déployer les efforts les plus extraordinaires pour se défendre et faire face au feu de la forteresse. Ajoutons-y que l'attaque, quand même elle se servirait également du tir plongeant, devra toujours faire un emploi plus considérable du tir tendu que la défense. Car la **forteresse** offre beaucoup de buts qui ne peuvent être attaqués **que par le tir direct**, tandis que l'assiégeant n'a ni murs, ni **cuirasses**. Pour détruire ces obstacles il ne **peut se borner** à établir des emplacements dérobés pour **mortiers**, mais il **doit** dans beaucoup de cas présenter des batteries de **canons**, qui auront assurément une position bien difficile en face des mortiers rayés de la forteresse.

On peut certainement admettre que le feu plongeant forcera souvent l'assaillant à placer ses pièces dans des **couverts à l'épreuve de la bombe** et cela déjà à partir de 2000 m. — **Voilà** un **succès tactique** et une **révolution** complète dans la guerre de siège! Puis les **sapes** devront également être couvertes à des distances bien plus grandes que cela n'a été nécessaire jusqu'à ce jour. Il résulte de tout cela que l'assiégeant sera obligé à des travaux gênants, pénibles et fastidieux, tandis que la défense **économisera** des munitions, des corvées, du temps et des forces, et cela dans une proportion extraordinaire comparée à l'ancien état de choses. Là où antérieurement, il fallait prévoir la consommation de 500 à 1000 obus, à l'avenir 100 à 200 suffiront. Les **changements de position** des pièces seront plus rares et plus faciles **et le réglage du tir** plongeant étant plus simple, il peut devenir plus familier aux hommes de la **Landwehr** que celui du tir à démonter.

Nous laissons aux artilleurs de l'opinion opposée, et il n'en manque pas, le soin de voir combien il y a à rabattre de cette supériorité du mortier sur le canon en faveur de l'assiégé; mais comme ingénieur et surtout comme constructeur de cuirasses, nous saluons l'avènement du tir plongeant comme un moyen extrêmement favorable pour replacer la défense dans de meilleures conditions.

Jusqu'à ce jour, les forteresses construites d'après le principe de la défense par le rempart découvert, avaient tout à craindre du mortier rayé, et quoique on ne manquât pas de moyens pour constituer des casemates à l'épreuve de la bombe, il est certain que le tir plongeant rendait la position des pièces en batterie de plus en plus difficile. Cependant ce tir n'avait pas encore atteint la précision nécessaire pour battre avec grand succès les petits buts. Aujourd'hui il y est parvenu, et la défense n'a plus qu'à employer les mortiers rayés en nombre suffisant et dans des positions bien préparées en temps de paix, pour posséder un équivalent suffisant des avantages inhérents à l'offensive.

Le colonel von Sauer ajoute, page 59:

Si, antérieurement, l'assiégeant pouvait utiliser chaque pli de terrain, il pourra le faire bien mieux encore quand il s'agira de choisir des positions pour ses mortiers. Il est donc de l'intérêt de la place de n'avoir pas de zones non battues, et, au besoin, il faudrait les faire disparaître en changeant les formes du terrain. Alors seulement on pourrait observer les coups d'une manière suffisante. De même, les champs cultivés et les bois pourront mieux servir à l'assaillant pour dérober à la vue les mortiers que cela n'a été le cas jusqu'à présent. Dans un bois, on ne pouvait songer à établir une batterie à démonter que si on dégageait le plan de tir, ce qui amenait à démasquer la batterie. C'est toute autre chose pour le tir plongeant: le plan de tir du mortier n'a pas besoin d'être dégagé; cette pièce peut donc être mise en action au milieu d'une forêt; et cela à des distances bien plus grandes que pour le canon. Si la défense ne veut pas perdre la meilleure partie des avantages que lui offre le tir plongeant, elle doit avoir le plus grand soin d'empêcher que les mortiers rayés de l'attaque n'occupent des positions peut-être meilleures que les siennes propres. Aujourd'hui plus que jamais, le défenseur doit faire tous ses efforts pour ne rendre possible à l'adversaire que les positions où il peut être soumis au feu efficace de la place.

Nous estimons que la réalisation de ce désir est une des plus grandes difficultés de la fortification. C'est la grande portée du canon en même temps que les buts faciles à battre qui assurent la supériorité de l'assiégeant, et qui forcent l'assiégé à créer des positions intermédiaires. Mais, par là, le premier principe de la défense

„économie des forces la plus grande possible‟ est violé. Par le tir plongeant, ces relations s'accusent encore d'avantage. L'assaillant trouve de meilleurs emplacements pour ses mortiers parce que la grande étendue du but lui permet de rester à distance et de trouver des couverts favorables derrière les plantations. Il peut pousser ses observatoires plus en avant. Par contre, le défenseur est très à l'étroit.

De la première position d'artillerie, l'attaque pourra, au moyen de ses mortiers, paralyser la défense sur les remparts découverts. Aussi celle-ci ne commettra pas l'imprudence de placer les mortiers dans les forts, mais cherchera à les placer dans le terrain en dehors et en les dérobant à la vue; mais elle rencontrera toujours plus de difficultés que l'attaque dans cette manière de procéder. Cependant on peut dire que le mortier, même avec la fortification à rempart découvert, donne un secours notable à la défense, ne fût-ce qu'en augmentant les difficultés de l'attaque.

On ne parviendra que bien rarement à assurer au mortier la supériorité dans la défensive par le choix de la position, mais on peut affirmer que cette supériorité s'acquiert facilement par l'établissement de batteries permanentes. Les affûts cuirassés * remplaceront avantageusement les batteries de mortiers actuelles, en donnant à la fois un meilleur couvert et une plus grande force d'action. Le couvert est assuré d'une façon presque absolue et la facilité à faire tourner la coupole est augmentée à un tel degré, que l'inconvénient d'une position fixe en est presque compensé. Ceci est d'autant plus important que le mortier rayé de 21 cm, dont nous nous occuperons d'abord, est trop lourd pour pouvoir être employé comme pièce mobile, et que l'attaque est dans une position d'infériorité quant à ce point, aussi bien à cause du poids de la pièce que du poids de ses munitions.

Or, les cuirassements contre le tir plongeant sont d'une construction plus facile que ceux contre le tir direct, et leur moindre prix de revient permet de multiplier les installations de mortiers. Dans nos efforts soutenus pour arriver à la production d'un système de cuirassements d'un prix de revient pas trop élevé, nous avons été surtout guidés par la conviction que la réforme de la fortification par les constructions cuirassées ne pourra se réaliser que si on ne limite pas trop le nombre de bouches à feu. Un nombre suffisant de pièces cuirassées impose à l'attaque des difficultés presque insurmontables, tandis que la défense obtient ses résultats par le moindre déploiement de forces possible.

---

* Voir planche XI.

b. Obusiers.

Sur le type de la planche XX, nous avons placé à chaque aile de l'ouvrage central circulaire une batterie de 6 obusiers du calibre de 21 cm. Ce que nous venons de dire pour les mortiers s'applique également aux obusiers; il y a cependant lieu d'ajouter quelques mots pour motiver ce changement dans l'armement.

La bouche à feu à tir plongeant de la défense n'arrivera peut-être jamais à devoir percer des cuirasses de la force de résistance de celles qu'on oppose au mortier de l'attaque. D'après nos idées, la bouche à feu à tir plongeant est pour la défense une pièce de tir à démonter dans son acception la plus large, puisqu'elle doit détruire les batteries d'attaque et les levées de terre de toute espèce. Les couverts qui seront opposés dans ce cas à la défense ne sauraient résister à un tir sous un angle de chute jusqu'à 40°; donc le défenseur n'aura jamais besoin d'un tir sous un angle d'arrivée plus grand. Par contre, des projectiles ayant une grande force de pénétration, pro-duisent à peine encore des entonnoirs et, n'éparpillant pas les éclats, sont moins dangereux à l'assiégeant que des projectiles arrivant sous 30°. L'obusier répondra donc à toutes les exigences de la défense et aura de plus le grand avantage de donner des portées plus grandes avec des charges plus fortes tout en conservant plus de précision que le mortier. Spécialement l'obusier fournira un tir à shrapnel extrêmement efficace.

L'auteur anonyme du mémoire „Belagerungs- und Festungs-Artilleristische Gedanken und Bedenken“ („Idées et doutes sur l'artil-lerie d'attaque et de défense“) dit page 17, 3° édition:

On ne pourrait donner un engin plus puissant à la défense qu'en ajoutant à l'armement de la forteresse un obusier de 21 cm sur affût à pivot central.

Mais l'affût cuirassé pour mortier ou obusier de 21 cm est un pareil affût et il donne de plus un couvert absolu.

Nous croyons qu'il suffira d'avoir pour l'obusier un angle d'élé-vation allant jusqu'à 35°, et alors la construction de l'affût sera simple et peu coûteuse. *

Comme le montre le dessin de la planche XX, plan et profil, les batteries d'obusiers ont une position analogue à celle des batteries dans le glacis annexe. Elles sont dérobées à la vue, battent encore dans la position horizontale des pièces les réseaux en fil de fer et tirent au dessus du glacis en avant sous des angles assez petits pour utiliser complètement les tables de tir.

* Voir planche X.

Le Colonel von Sauer dit dans son mémoire, „Beiträge zur Taktik etc.“ chapitre „Geschützwirkung, Fort- und Zwischenstellung“:

J'ai déjà fait remarquer que les batteries de mortiers peuvent être placées partout, mais en exceptant toute fois un seul emplacement: le fort.

L'assiégeant ne peut pas observer un à un ses coups tombant dans le fort, mais cela n'est pas nécessaire, l'effet général du tir suffit déjà pour contenir toute défense par l'artillerie tant soit peu notable. Nous croyons que l'assiégeant peut connaître, si pas exactement, au moins approximativement, la position de chaque batterie à tir plongeant, comme c'est également le cas pour l'assiégé, à moins d'une distance trop grande. Mais l'observation exacte du tir peut être empêchée, même quand la position de la batterie de la défense est connue; des plantations d'arbres y contribueraient beaucoup. Ainsi il serait certainement difficile de distinguer si ce sont les affûts cuirassés de la batterie d'obusiers de la planche XX ou ceux de la batterie de mortiers de la planche XIX qui ont reçu une atteinte donnée, laquelle d'ailleurs serait insignifiante à moins de toucher une pièce. C'est à cause de la petite dimension du but, que, sous ce rapport, la position de la défense vis-à-vis des batteries, mêmes les meilleures de l'attaque, est si favorable.

L'introduction de la cuirasse aura renversé les termes du rapport existant entre l'attaque et la défense, puisque le tir plongeant compromet toute la batterie d'attaque et elle offre un plus grand but, tandis que la défense ne doit craindre que les coups d'embrasure.

Il paraît admissible de ne considérer les batteries de mortiers et d'obusiers que comme des annexes de l'ouvrage qui, lui, doit les mettre à l'abri d'une attaque de vive force et qui leur sert en même temps d'observatoire pour le réglage du tir. Il n'est pas interdit pour cela d'en établir, même de construction permanente, dans des positions choisies entre les forts; seulement il faut alors les assurer contre une insulte et leur donner la faculté d'observer leur tir. En ce qui concerne les obstacles passifs contre l'assaut, nous dirons par avance que les batteries d'obusiers planche XX ne sont entourées que d'une large haie en fil de fer, tandis que les mortiers, planche XIX, sont un peu mieux protégés puisqu'ils se trouvent placés au fond du fossé. N'oublions pas que, dans les deux cas, l'intervention de canons-revolvers est bien assurée, sans compter celle de l'infanterie placé de flanc, pour garantir les deux installations susdites d'une attaque de vive force.

Nous avons déjà dit que le noyau de l'ouvrage est une coupole-batterie entourée d'une bonnette. Par le trou d'homme, on peut voir par-dessus le couvert, qui ne sert qu'à cacher la bouche des pièces. Indiquons ici un très-bon moyen d'appréciation de distances: deux batteries, en communication téléphonique, visent sur un même but et mesurent les angles à la base dont la longueur est connue; puis un simple calcul donne la distance.

Le pointage des pièces devient donc facile. On peut aussi ajouter aux tables de tir un relevé des distances à des points de repère ou une règle à calculer, ou bien encore mesurer les distances sur un plan très-exact sur plaque métallique. Cette opération n'est nécessaire que pour régler le tir des premiers coups, car plus tard on opère plus exactement par les moyens de visée indirecte que par la visée directe, ainsi que cela a été constaté aux expériences de Cummersdorf. Il suffit pour cela d'observer exactement les coups, ce qui peut se faire soit de la bonnette, soit par le trou d'homme de la batterie, et de soumettre les observations au contrôle des batteries voisines. Dans les profils qui terminent les bonnettes dans la direction des ouvrages voisins, on établit des observatoires appropriés. On y communique par des escaliers indiqués planche XX, plan et profil E F, qui assurent aussi la communication vers la crète du parapet, pour pouvoir y exécuter les réparations nécessaires. En ce qui concerne la conduite du tir, elle se fera de la coupole-batterie d'où on transmettra les commandements par un porte-voix aux batteries d'obusiers. A ces dernières incombe la partie principale du combat d'artillerie et elles peuvent le soutenir dans les meilleures conditions. Elles ne pourront cependant se passer du concours des pièces à tir rasant.

c. Canons de 15 cm frettés.

Les coupoles-batteries de 4 canons de 15 cm frettés et les affûts cuirassés pour pièces isolées ont le même rôle que les canons des remparts des forts. Ils doivent donc repousser les attaques de vive force dirigées contre les intervalles, de concert avec les pièces légères, le 9 cm et les canons-revolvers de 53 mm sur affûts cuirassés à éclipse, * auxquels incombe même la partie principale de cette tâche. Les canons-revolvers peuvent aussi participer au combat de troupes dans le terrain avancé, mais c'est l'affaire de celui qui dirige le feu de bien voir si ces pièces, destinées surtout à repousser l'assaut, ne sont pas trop exposées. Contre les obus de l'artillerie de campagne, les affûts cuirassés à éclipse peuvent être parfaitement garantis.

* Voir planche XIV.

Les canons de 15 cm sont surtout nécessaires pour agir à grande distance, pour battre les parcs, les cantonnements, etc. Mais ces grosses pièces ne sont là qu'en trop petit nombre pour pouvoir intervenir avec grand avantage dans un combat d'artillerie frontal aux petites distances. Malgré la grande mobilité de l'affût cuirassé, les pièces de petit calibre qui entrent en ligne en grand nombre sont dangereuses aux petites distances pour les pièces cuirassées. C'est donc une condition indispensable dans la construction du couvert cuirassé de permettre le remplacement rapide d'un canon démonté. Dans l'annexe, nous montrerons que cette condition est réalisée dans nos différents cuirassements.

Nous ne croyons pas justifié ce procédé que le canon de 15 cm fretté sous cuirasse participe au combat d'artillerie à petite distance; celui-ci incombe surtout aux obusiers. Nous avons donc disposé dans la plupart des cas une bonnette vers le front de l'ouvrage, qui permet cependant au canon qui nous occupe de déployer toute sa supériorité dans le combat contre les batteries de la **première** position d'artillerie. Ils tirent alors au-dessus de la bonnette, qui les masque complètement. Ceci et la grande facilité de rotation des affûts permettent de ne prévoir que des atteintes accidentelles. Dans la lutte contre la deuxième position d'artillerie, la coupole-batterie n'intervient que collatéralement. Dans ce cas, la bonnette n'a pas besoin d'être modifiée. Quand même cependant, comme le montre la planche XX, la masse couvrante **aurait été déblayée** latéralement en quelques points, les pièces du tir à démonter ennemies sont à trop grande distance et placées trop défavorablement pour avoir prise sur des pièces sous cuirasse parfaitement protégées. Justement à ces grandes distances les shrapnels du 15 cm produiront de l'effet, puisqu'ils auront un angle de chute assez considérable et atteindront d'écharpe la batterie ennemie. Il n'est pas concevable comment l'attaque pousserait en avant ses approches dans la dernière période du siége, tant que ces **pièces traditores** resteront en action. C'est un nouveau succès des constructions cuirassées **d'utiliser à un degré supérieur** ce genre de pièces, appelées traditores, et tenues en si haute estime lors de l'apogée du système polygonal, mais dont l'effet a été mis en doute depuis le développement pris par les canons rayés. En même temps, l'action flanquante, devenue illusoire par le progrès du tir plongeant, est rétablie de la façon la plus avantageuse et cela au moyen des mêmes pièces cuirassées qui peuvent tirer vers le front et vers la gorge de l'ouvrage.

Les pièces de 15 cm dans les coupoles-batteries aussi bien que dans les affûts cuirassés isolés ont à éviter le tir à démonter frontal, **leur tâche consiste dans le combat éloigné et dans leur rôle de pièces traditores.**

Nous n'avons pas réussi jusqu'à ce jour à faire adopter notre opinion, parce qu'on s'est habitué à l'idée de faire servir justement au tir à démonter frontal les canons cuirassés, et parce qu'on croit pouvoir maintenir, grâce à la cuirasse, les pièces lourdes en action, même encore aux plus petites distances.

Nous estimons qu'on va trop loin dans ces espérances et que la véritable valeur de la cuirasse consiste bien plutôt dans la protection contre le feu plongeant actuel.

La première position d'artillerie a pour objectif de contenir l'artillerie de la défense pour rendre possible l'établissement d'une deuxième position de batteries destinées à conduire le combat décisif. Des considérations du colonel von Sauer se dégage la conviction que cette marche de l'attaque est très-réalisable, quand il s'agit d'opérer contre le système de la défense par le rempart découvert, et qu'il sera possible de compromettre très-sérieusement l'établissement des batteries intermédiaires. C'est certainement une violation du principe fondamental „la plus grande économie de forces possible" si, au moment de la lutte, on cherche à constituer des moyens de défense insuffisants, qu'on aurait pu créer beaucoup plus complets et plus efficaces, si on avait mis à profit le temps de paix.

Il est hors de doute aujourd'hui, qu'avec les moyens dont disposent les parcs de siége actuels, des cuirasses telles que la firme Gruson les construit sont indestructibles à la distance de 2500 à 3000 m, et que des cuirassements capables de résister à des pièces plus lourdes n'occasionneraient pas des dépenses trop fortes.

Ceci tient à la mobilité et aux petites dimensions du but offert au tir de l'assiégeant, tandis que lui même a des batteries beaucoup plus exposées: Les pièces de 15 cm sous coupole n'ont à craindre que les coups atteignant la bouche du canon. Celle-ci n'est exposée au tir que par instants; à l'instant suivant le but se dérobe pour ne plus se présenter que comme une petite surface elliptique.

Pour cette période du combat, l'embrasure peut être masquée par la bonnette, comme nous l'avons déjà fait remarquer, sans gêner le tir; car même avec les petites élévations qu'exige le tir de la seconde période, les projectiles peuvent encore passer par-dessus le couvert. Comme les embrasures ne sont pas même visibles, on peut dire qu'un coup d'embrasure ne serait qu'une affaire de hasard. Et même une atteinte est peu importante, puisque les derniers modèles d'affûts cuirassés rendent facile le remplacement de la pièce.

On ne s'est pas encore assez occupé de la question de savoir comment on pourrait attaquer de bonnes constructions cuirassées. Aux expériences faites pour obtenir quelques données à ce sujet, on ne s'est basé que sur des essais avec des modèles incomplets. Puis, jusqu'à ce jour, on s'est contenté de combler avec un grand nombre d'[...] sur un cuirassement isolé auquel incombait la nécessité de rachéter à lui seul tous les défauts de tout un système de fortification.

Puisqu'on n'a d'un petit nombre de coupoles, pas même une partie, en s'[...] rendre aux principes de l'attaque du rempart découvert, il s'est dégagé une série d'imperfections qui ont fourni aux adversaires des cuirasses un moyen facile de prouver sur le papier d'une façon apparente le peu de valeur du nouveau moyen de défense. On a cru aller plus vite en ne s'attachant d'abord qu'à démonter les pièces sans chercher à faire les cuirasses, le remplacement rapide des pièces n'étant pas encore bien réglé.

En méconnaissant le véritable rôle, d'après sa constitution, du canon de 15 cm fretté, on lui a demandé toute espèce de choses: combattre l'ennemi à très grande distance, conduire le combat d'artillerie, repousser les assauts, donc raser le glacis, et, pour les pièces placées à l'intérieur de l'ouvrage, sur des traverses ou sur des plates-formes du réduit, de battre encore au moins le terre-plein du rempart.

Le canon de 15 cm fretté est une excellente pièce pour tirer à grande distance et il obtient alors des résultats remarquables, surtout contre des buts fixes et par le tir à shrapnel.

Placé sous cuirassement et opposé à grande distance à des pièces isolées, même de plus gros calibres, il a une supériorité d'effet manifeste.

Le rapport devient moins favorable quand une pièce cuirassée isolée a affaire à un certain nombre de pièces de moindre calibre. Alors il se produit des coups d'embrasure, surtout quand on tire sur les constructions en usage jusqu'à ce jour, et qu'on tire un nombre suffisant de coups pour que la coupole soit hors d'état de s'acquitter de tout ce qu'on lui demande.

Pour pouvoir raser le glacis, on a donné aux pièces avec cuirasses les mêmes dépressions, et on négligeait alors de masquer l'embrasure par le moyen simple et peu coûteux de la constitution de la bonnette; il en découle une série d'inconvénients. Quand, par exemple, l'assiégeant oppose au canon long placé sous cuirasse une pièce courte de calibre correspondant, placée dans un pli de terrain ou dans une batterie à embrasures profondes, le tir à trajectoire tendue du canon long passe régulièrement au-dessus de la pièce d'attaque qui tire sous un angle de 10 à 15° et obtient encore un résultat suffisant, même avec une vitesse initiale moindre.

Si la pièce cuirassée résiste malgré tout dans la première lutte de l'artillerie, son rôle sera vite fini dans le combat contre la deuxième position d'artillerie, quand il n'en existe que quelques exemplaires isolés, comme dans les forteresses actuelles. On pourrait se décider à ne plus faire participer la pièce au combat afin de la réserver pour les périodes suivantes du siège; mais alors la coupole ne serait plus qu'un objectif passif offert au tir ennemi et elle serait certainement détruite avant que les sapes n'eussent atteint le glacis. Il ne faut donc pas beaucoup compter sur les pièces cuirassées installées sur le réduit pour arrêter les travaux d'approche et pour repousser les colonnes d'assaut arrêtées dans l'ouvrage.

Mais si on n'impose pas à ces pièces le rôle de démonter les canons ennemis et de combattre les colonnes d'assaut pour borner **leur action au combat à plus grande distance et au rôle de traditores,** on retirera un grand revenu du capital engagé.

R. Wagner dit dans l'ouvrage «Grundriss der Fortifikation» («Abrégé de la fortification») paru en janvier 1870, donc avant la guerre franco-allemande:

Il faut se servir de cuirassements de protection pour les cuirasses etc., **mais en tenant bien compte de ce que l'expérience a enseigné depuis trois siècles, savoir la faiblesse des maçonneries contre le tir direct** avec les grands forts, mais sûrs de l'artillerie.

En conséquence, il ne faut appliquer les cuirassements pour se protéger des coups directs que dans une mesure restreinte, d'abord dans les contreforts des sites, puis encore sous forme de coupoles placées aux points dont on a, avec le champ de tir le plus étendu possible. Ces coupoles doivent être soustraites, si possible, à la vue et aux coups directs, ce qui n'est pas toujours sur le terrain en relief.

La cuirasse a une importance particulière comme moyen de protection contre le tir indirect, spécialement pour les casemates et les réduits exposés à une attaque en règle et qui, vu leur position et les proportions de leur profil, ne peuvent être soustraits au tir indirect, mais doivent cependant être conservés à tout prix. Dans ce cas, et en tenant compte de la moindre force de pénétration du coup indirect, il est à prévoir que des cuirasses plus faibles pourront encore résister.

La division du travail pour les différents genres de pièces d'après les rapports tactiques a aussi son influence sur les proportions des cuirasses proprement dites. Si une pièce cuirassée doit raser le glacis ou battre une pente, il faut pouvoir lui donner la dépression correspondante. Ceci accroît les difficultés et augmente le prix de la construction des affûts à embrasures minima. Ensuite le poids de la calotte de la coupole augmente avec la dépression, par suite de l'agrandissement du diamètre, et les frais en seront considérablement plus élevés. Le cuirassement ne devient pas seulement plus cher, mais il s'affaiblit à mesure qu'il s'agrandit. Le fer est supérieur aux autres moyens défensifs, non seulement à cause de sa solidité, mais aussi à cause de la possibilité qu'il donc de réduire les objectifs de tir à un minimum. von Sauer dit à ce propos dans son ouvrage « Beiträge zur Taktik etc. » (page 45) :

> [illegible]

Si, les tables de tir à la main, on ne demande pas à une pièce cuirassée de 12 ou de 15 cm de raser le glacis, on pourra, en partant de la position horizontale de la pièce, battre n'importe quel point situé dans le rayon de tir de la pièce, même en la plaçant sur un ouvrage avec 8 à 10 m de relief. Nous examinerons cependant ultérieurement s'il est rationnel, en vue du combat d'artillerie, de donner à une pièce un tel emplacement et s'il ne vaut pas mieux de la mettre plus bas, tout en observant le tir d'un point plus élevé.

Comme nous l'avons dit, ce serait trop exiger d'une cuirasse exposée au feu direct, de rester encore en état de combattre pendant les derniers travaux du siège. L'attaque doit nécessairement avoir éteint alors déjà le feu des grosses pièces. Elle pourra y parvenir, si la défense a accepté le combat de front par les pièces cuirassées, par une écrasante supériorité numérique d'artillerie, même de pièces de moindre calibre, et par des coups d'embrasure.

Par contre, si les derniers travaux sont pris en flanc par les pièces cuirassées des ouvrages collatéraux qui ne peuvent être contrebattues que par le tir indirect et celui des mortiers, tout progrès de l'assiégeant deviendra extrêmement difficile. Pour soutenir ces pièces, on dispose encore des pièces mobiles de petit calibre des batteries intermédiaires, et elles suffisent parfaitement. Pourquoi chercher alors à obtenir une dépression inutile avec les difficultés de construction et les frais qu'elle occasionne?

Nous pensons que, même pour les forts d'arrêt en pays montagneux, il ne faut pas exiger une grande dépression pour le tir. Le couvert donné par les cuirasses dispense des considérations de défilement et, dans la vallée, il se trouvera certainement des positions qui permettent d'y installer les pièces à l'abri d'une attaque de vive force, avec un effet assuré et avec moins de difficultés que sur les hauteurs. S'il fallait encore battre un glacis à pente raide, sous 10 à 15°, ce ne serait assurément nécessaire que contre des troupes d'assaut, car il n'est pas admissible que l'ennemi place des pièces au pied de la pente pour tirer vers le haut sur des cuirasses, ce qui ne produirait d'ailleurs aucun effet. Mais uniquement contre un assaut, l'action des canons-revolvers de 37 mm avec affût cuirassé à éclipse serait de beaucoup préférable. Contre les positions éloignées de l'ennemi et pour défendre des coupures préparées sur des routes ou sur des lignes de chemin de fer, on emploiera en terrain coupé avec le plus d'avantage un gros mortier ou obusier qui n'exigerait aucune dépression. L'établissement de l'ouvrage serait donc simple et peu coûteux.

La commission d'expériences de Cummersdorf s'est prononcée, en ce qui concerne la question de savoir quelle dépression il faudrait donner aux pièces sous cuirasse, dans ce sens que chaque cas particulier était à considérer, mais qu'un angle de dépression de 1° pouvait être admis comme normal.

Nous terminons ce paragraphe par quelques remarques sur les gros calibres, dont on a, avec raison, considéré l'emploi comme l'avantage particulier de la défense sur l'attaque. Il semble que les affûts cuirassés augmentent encore cet avantage. Mais nous devons cependant nous déclarer contre les longues pièces de très-grand calibre, dont les inconvénients inévitables ne compensent pas les avantages.

Tout d'abord il n'y a pas lieu d'augmenter l'effet au delà de la résistance des buts à battre.

Il faut considérer ensuite que chaque coup ne porte pas, que des atteintes sont difficiles à obtenir dans le combat. Il sera donc plus avantageux de tirer un plus grand nombre de coups avec des pièces plus petites mais d'un calibre encore suffisant, que d'avoir un tir moins fourni avec des pièces de très-gros calibre. Puis il n'est pas du tout obligatoire de combattre pièce contre pièce, avec des calibres égaux, pour mettre l'ennemi hors de combat. Un 12 cm peut très-bien démonter un 28 cm par un coup atteignant l'embrasure. Si donc des pièces de 12 cm se trouvent opposées en nombre suffisant à un 28 cm, l'histoire du combat du lion contre les mouches se répéterait, et la victoire resterait au 12 cm.

S'il est admis qu'un canon de 28 cm perce du premier coup tout couvert créé par l'adversaire, il est cependant certain qu'il ne percera pas une colline ou un autre couvert naturel, derrière lequel se placeraient des pièces courtes de 15 cm, pouvant tirer avec une élévation de 15°.

La grande coupole du 28 cm ne peut pas faire sa rotation à chaque coup, et celle-ci est lente. L'embrasure, plus grande déjà, reste donc plus longtemps exposée. Une telle pièce peut avoir un accident, subir une avarie par suite de son propre feu et doit alors être échangée. Mais cela est à peine faisable si on n'a que peu de temps. Ajoutons qu'une coupole en fonte durcie pour un seul canon de 28 cm coûte 600 000 marks, somme pour laquelle on aurait 8 à 10 obusiers de 21 cm. Ceux-ci ne produiraient-ils pas plus d'effet?

Nous nous déclarons donc contre l'introduction des canons longs
d'un calibre supérieur à 15 cm, puisque d'ailleurs les pièces à tir
plongeant de 21 cm ont une action plus que suffisante contre les
couverts de l'attaque et, si dans certains cas particuliers on doit
augmenter l'effet, on y parviendra en se servant d'obus-torpédos.

d. Canons-revolvers.

Nous avons déjà dit que ni les canons de 15 cm, ni les obusiers
ne sont appelés en premier rang à concourir au combat de troupes,
mais il est cependant évident que dans le cas d'une lutte continue sur
le terrain extérieur, les deux espèces de bouches à feu ont à intervenir par leur puissant tir à shrapnels, lançant p. ex. avec l'obusier
de 21 cm, de 1500 à 1700 petits projectiles par coup. Sur des buts
mobiles, les calibres légers (le 9 cm et le revolver de 53 mm), avec
affût cuirassé, ont plus d'effet que les grands. Pour juger de cette
dernière pièce, dont il n'y a jusqu'à maintenant que peu d'exemplaires,
nous allons produire quelques données.

Disons d'abord que nous n'avons jamais méconnu les inconvénients de bouches à feu si compliquées et que, pour la guerre de
campagne, nous ne leur pouvons accorder qu'un emploi restreint. Et
même pour l'armement des forteresses nous n'admettons pas les canons-
-revolvers s'ils sont placés en plein air et exposés aux tourbillons
de sable et de terre, comme c'est le cas pour les pièces placées sur
le rempart.

Les canons-revolvers demandent à être traités avec beaucoup
de soins, que l'on ne peut continuer à leur donner dans toutes les
situations de la lutte. Un accident peut se produire; on doit donc
avoir une réserve de ces pièces. Le meilleur moyen d'éviter le danger
de se voir privé de leur action au moment décisif est de ne les faire
manier que par un personnel exercé tout spécialement, d'avoir un
nombre suffisant de ces pièces là où elles doivent agir et de les
placer, si c'est possible, comme dans un arsenal jusqu'au moment du
feu. Avec l'affût cuirassé, le revolver se trouve dans ces conditions.
La pièce est parfaitement abritée et comme enveloppée d'une gaine
jusqu'au moment de l'action. Malgré cela, nous en gardons un
certain nombre en réserve, pour être assurés contre les accidents.

L'ouvrage représenté à la feuille XX a 18 canons-revolvers de
53 mm, celui à la planche XIX en a 6.

Nous reviendrons dans la seconde partie de ce chapitre sur ces
pièces, qui sont surtout destinées à repousser un assaut, afin de faire
précéder quelques renseigments numériques sur leur puissance d'action.

En ce qui concerne d'abord leur tir à boîtes à balles, il peut, avec la pièce de 53 mm, donner 30 coups par minute, et lancer ainsi, à raison de 80 balles par boîte, 2400 projectiles par minute. Les 18 revolvers de l'ouvrage enverront donc 43000 projectiles par minute et, pour les 8 minutes que durera environ l'attaque, le nombre de 345000 projectiles. Pour lancer le même nombre de balles, il faudrait le feu rapide d'environ 4000 hommes d'infanterie. Voilà des chiffres qui feraient sourire, si on n'avait pas affaire à des résultats parfaitement prouvés.

Pour le combat de troupes sur le terrain extérieur, on ne voudrait pas se priver du concours du tir à shrapnel du canon de 9 cm, qui est encore efficace au delà de 4000 m, tandis que le revolver ne peut tirer que des obus à cette distance. Cependant les obus du calibre de 53 mm peuvent très-bien être segmentaires et donner alors 30 éclats. Si on compte de nouveau 30 coups par minute, on obtient 900 éclats.

En comparant ces résultats à ceux que donnerait le tir à shrapnel du 9 cm qui, à raison de 3 coups par minute, lancerait 600 balles de shrapnel, nous voyons que le revolver obtient encore un effet supérieur, même par ses obus. Qu'on se figure, sur un village occupé par des troupes, l'effet d'un tir où au moins 9 revolvers peuvent être dirigés sur le but, comme c'est le cas pour l'ouvrage du type planche XX! On pourra aussi battre les têtes des sapes en soulevant à propos un certain nombre de revolvers, pour les abaisser aussitôt qu'ils auront attiré le feu d'une batterie d'attaque. On peut se représenter quelle serait la difficulté de travailler, même pendant la nuit, à 1000 m de ces pièces qui sont placées expressément très-bas pour leur donner un tir rasant.

Comme on peut le voir par l'inspection des dessins, planche XX, et des croquis de détails, planche XIV et XV, les affûts cuirassés pour pièces légères sont entièrement noyés dans les parapets et mis à l'épreuve de la bombe par des toits cuirassés d'une épaisseur suffisante. Une avant-cuirasse précédée d'un couche de béton de 2 m d'épaisseur garantit des coups rasants bas. L'épaisseur totale du parapet est de 15 m. S'il est déjà à peine admissible que le tir de l'assiégeant puisse, devant chaque revolver, percer le parapet ou le déblayer en l'écrêtant successivement, cela devient tout à fait improbable quand 12 obusiers de 21 cm peuvent concentrer leur action sur la batterie d'attaque, comme c'est le cas pour le fort planche XX. Il est bien plus probable que les batteries d'obusiers attireront sur elles le feu de l'attaque, que l'ouvrage central sera peu battu et qu'il aura donc peu à souffrir des coups manquant les batteries d'obusiers, puisque ces dernières sont placées assez loin et latéralement. La garnison du noyau jouira donc d'un repos relatif. Les hommes de service aux batteries de mortiers et d'obusiers ont des abris près des pièces, mais ils retournent par le fossé dans l'ouvrage central chaque fois qu'ils sont relevés.

2. Résistance des forts aux attaques de vive force.

Après avoir, dans ce qui précède, défini les rôles des différentes espèces de bouches à feu sous cuirasse, nous examinerons les forts au point de vue de leur résistance aux attaques de vive force.

Commençons par les défenses accessoires, établies d'une façon analogue dans tous nos types d'ouvrages.

La berme et le fond du fossé sont plantés d'acacias disposés en échiquier. Cette essence vient bien dans tous les terrains, son bois est tenace à l'état vert, et elle ne demande aucun soin. En cas de mise en état de défense, on coupe les têtes des arbustes et, entre les troncs de 1,50 de hauteur environ, on dispose les obstacles en **spirale de fil de fer** en les entre-croisant. Il faut avoir soin de laisser une longueur différente aux troncs; cette irrégularité rend difficile le passage des fossés larges et peu profonds au moyen de ponts qu'on tenterait de jeter au dessus des obstacles en fil de fer. La hauteur minima de ces obstacles est de 1 m et leur largeur est d'environ 25 m. Les frais qu'occasionne ce moyen de défense sont insignifiants, comparés surtout au prix des revêtements en maçonnerie; on peut donc rendre l'obstacle suffisamment dense pour empêcher l'ennemi de le traverser en peu de temps, même quand il ne serait pas défendu activement.

Les réseaux en fil de fer souffrent surtout quand les gros projectiles y font des trouées et balayent horizontalement les spirales en chassant devant eux des tourbillons de sable et de terre. Un tir sous un angle de chute plus considérable endommage moins l'obstacle et c'est surtout à ce genre de tir qu'il est exposé. D'ailleurs les petits troncs d'arbres contribueront beaucoup à sa conservation. S'il se produisait cependant des trouées dangereuses, il suffirait d'y lancer une nouvelle quantité de spirales, ce qui peut très bien se faire, même à la distance de 30 à 40 m. Sur la berme de la contrescarpe, une haie en fil de fer de 2 m de largeur sert à arrêter les éboulements.

Si l'on compare cet obstacle à celui qu'oppose un fossé du
profil en usage, nous remarquerons que malgré le peu de largeur
(10 m et même moins) donnée au fossé, les murs d'escarpe détachés
ne sont plus garantis contre le tir de l'obusier de 21 cm exécuté sous
un angle de chute de 30°. Des expériences l'ont parfaitement prouvé,
et si l'on ne veut pas rendre les fossés encore plus profonds et plus
étroits — ce qui faciliterait considérablement l'emploi des ponts
volants et augmenterait les frais de construction — il faudra renoncer
aux escarpes revêtues. Von Brunner nous donne, dans le mémoire
que nous avons cité, une idée du peu de résistance qu'un fossé
normal est capable d'opposer; pour le passer, il faudrait, d'après
cet auteur, 7 minutes, même quand il y a un mur détaché de 5 m de
hauteur. Dans certains exercices pratiques de temps de paix, qui ne
permettent cependant pas de bien asseoir un jugement, on est même
resté bien en deçà de cet espace de temps déjà très-court. Ce n'est
qu'au moyen d'expériences comparatives bien conduites, qu'on pourrait
établir si notre fossé avec réseaux en fil de fer au fond et sur la
contrescarpe offrirait une résistance plus considérable. Un obstacle
passif ne peut être jugé qu'en relation avec les moyens de défense
actifs. Von Brunner calcule à ce sujet qu'un flanquement normal
peut fournir en 5 minutes un tir de 30 boites à balles à 95 petits
projectiles ou bien 240 coups de fusil, et il en conclut qu'alors
même que 5 hommes seulement sur 20 parviendraient à passer, 250
hommes par colonne d'assaut, donc 500 pour les deux colonnes
pénétreraient dans le fort. L'auteur examine ensuite les moyens de
diminuer ou même d'empêcher complètement l'action de la caponnière.
Il blâme fortement la disposition d'un profil où, dans le chemin
de ronde et sur le talus de la contrescarpe, on se trouve déjà dans
l'angle mort.

Notre haie en fil de fer placée sur la berme de la contrescarpe
est battue directement par des canons de 9 cm et par des canons-
-revolvers, qui peuvent continuer leur feu jusqu'à la dernière extrémité. Quand les assaillants sont parvenus dans l'angle mort du fossé,
des hommes placés dans la partie inférieure de la batterie de revolvers
lancent des grenades à main par des tuyaux en fonte placés dans le
corps du rempart. Les projectiles, roulant dans des rigoles pavées
jusqu'au milieu du fossé, vont faire explosion dans l'obstacle en fil
de fer qui en est à peine endommagé. Les grenades, n'ayant pas
à supporter le choc d'un lancement par la bouche à feu, peuvent être
coulées de façon à donner un grand nombre d'éclats et à recevoir
une charge intérieure brisante. Avec un appareil de mise de feu
spécial et d'une grande simplicité, dans le genre de celui qui est

employé pour les grenades à main hollandaises, on pourra jeter, par minute, 50 à 60 de ces projectiles dans le fossé, si l'on a eu soin de disposer l'approvisionnement de façon à faciliter l'introduction dans les tuyaux. L'espacement de ces tuyaux devrait être fixé d'après certaines expériences, mais, vu leur bas prix et la circonstance que leur service n'exige pas de personnel spécial, on n'a pas besoin d'être trop ménager de ce moyen de défense. Nous pouvons estimer l'effet produit, en admettant que, par chaque tuyau, on lance dans le fossé 40 projectiles par minute; si 4 tuyaux aboutissent à l'endroit où les troupes d'assaut veulent se frayer un passage au travers des obstacles en fil de fer, il y aura, pendant les 5 minutes que pourra durer ce passage, 160 grenades lancées et, en estimant à 30 le nombre des éclats pour chacune, on obtiendra 4800 éclats. On voit ainsi que les caponnières sont peu nécessaires pour les fossés courts et ordinairement curvilignes de nos forts cuirassés. Les revêtements des talus sur 3 m de hauteur et sous une inclinaison de 50° favorisent le ricochet des éclats de projectiles, tout en rendant l'escalade plus difficile, car cette disposition nécessite l'emploi d'échelles. Ces revêtements et les obstacles en fil de fer ont en outre l'avantage de rendre la retraite plus dangereuse. Nous savons que nos fossés ne peuvent pas être observés, mais il est possible d'obvier à cet inconvénient en établissant des dispositifs dans les corps de garde près des entrées et en y ménageant des embrasures, comme nous l'avons fait au type de la planche XXI. Il est certain que mainte grenade éclatera là où il n'y aura pas d'ennemis, mais il suffira que le séjour dans tout le fossé soit inquiété, pour rendre inexécutable un rassemblement près des réseaux en fil de fer. Un fossé sans cet obstacle serait insuffisant, précisément parce qu'on ne peut pas l'observer.

Appui réciproque des ouvrages cuirassés. Les cuirassements ont à un haut degré la propriété de mettre les ouvrages à l'abri d'une attaque de vive force à cause de l'appui réciproque que ces ouvrages peuvent se prêter. Dans le cas d'un assaut, le feu partant du rempart découvert est complètement insuffisant. Même les pièces ne peuvent pas toutes rester en action, mais seulement celles des parties flanquantes, quand elles ne sont pas déjà démontées. Le feu ne peut d'ailleurs continuer que jusqu'au moment où les troupes qui montent à l'assaut de l'ouvrage collatéral ont dépassé le glacis et ont disparu dans le fossé ou pénétré dans l'ouvrage. Par contre, si les colonnes assaillantes s'attaquent à un ouvrage cuirassé où elles n'ont affaire à aucun ennemi visible, où pas une traverse, pas un parados n'offrent un abri, les ouvrages collatéraux peuvent concentrer un feu à shrapnel sur l'ouvrage attaqué, et ils ne seront entravés dans cette action ni par la nuit ni par le brouillard. En effet, les pièces destinées à ce tir peuvent prendre à l'avance, en attendant l'assaut, l'élévation et la direction et peuvent les conserver dans les affûts cuirassés avec la précision la plus absolue. Pour nous faire une idée de la puissance du feu que les ouvrages collatéraux peuvent concentrer sur un ouvrage attaqué, nous allons récapituler l'armement des ouvrages.

Autour d'une position centrale, planche II, figure 1, se trouve une ceinture de forts distante du centre de 7600 m et à intervalles de 4000 m, ce qui exige un ouvrage intermédiaire au moins. Les forts pourront avoir 36 pièces sur le rempart, les ouvrages intermédiaires de 8 à 10. Un front de 4000 m sera donc défendu par deux ouvrages intermédiaires et par un ouvrage principal, à quoi il faudrait ajouter l'appui de deux autres ouvrages collatéraux.

Exemple
Planches XIX
et XX.

Substituons maintenant 3 forts cuirassés d'après l'esquisse, planche XX, aux ouvrages principaux A, B, C et remplaçons les ouvrages intermédiaires a et b, de 8 à 10 bouches à feu, par des forts cuirassés d'après la planche XIX. Ceux-ci ont, tout comme les grands forts, une coupole-batterie de 4 canons de 15 cm frettés, 6 canons-revolvers et, dans les positions latérales du fossé de gorge et de chaque côté 2, donc ensemble 4 mortiers rayés de 21 cm. Les intervalles sont ainsi réduits à 2000 m. Supposons l'ouvrage B attaqué directement, il sera soutenu par le feu à shrapnel des ouvrages principaux collatéraux A et C, et par celui des ouvrages intermédiaires, donc par:

1° les canons frettés des deux ouvrages collatéraux A et B et des ouvrages intermédiaires a et b, au total 16 canons de 15 cm frettés;

2° les obusiers des ouvrages principaux, $2 \times 12 = 24$ obusiers de 21 cm;

3° les mortiers des 2 ouvrages intermédiaires, $2 \times 4 = 8$ mortiers rayés de 21 cm;

4° la moitié des canons-revolvers de 53 mm des ouvrages collatéraux et des deux ouvrages intermédiaires ou 2×9 + $2 \times 3 = 24$ revolvers.

D'après les expériences de Cummersdorf, les canons de 15 cm sur affût cuirassé peuvent tirer un coup par minute, ce qui sera, puisque la coupole-batterie peut tourner suffisamment vite, environ 4 coups par minute, avec un ensemble de 2400 balles de shrapnel.

Les obusiers de 21 cm tirent à raison de $^1/_4$ de coup par minute, ce qui fait 8 coups dans le même espace de temps, avec un ensemble de 12000 balles de shrapnel. Les mortiers ne tirent qu'à raison de

¹/₂ de coup par minute et ne lanceront donc pendant ce temps que 2 coups ou 3000 balles de shrapnel.

Les canons-revolvers, grâce à leurs affûts très-avantageusement construits, donnent par minute 40 coups ou, à raison de 20 éclats par obus, 20 × 30 × 24, c'est à dire 14400 éclats.

L'ouvrage attaqué serait donc battu par 2400 + 12000 + 3000 + 14400 ou 31800 balles et éclats par minute et, si l'assaut dure 10 minutes, par 31800 projectiles.

L'effet augmente encore considérablement, si l'on réduit l'intervalle à 1000 m et si l'on remplace les ouvrages intermédiaires indiqués en rouge par 2 ouvrages construits d'après le plan de la planche XIX, **ce qui ne donnerait cependant pas encore un prix de revient supérieur à celui qu'exigerait l'établissement de la ligne d'ouvrages à rempart découvert.**

On aurait alors en action un ensemble de 24 canons de 15 cm, de 24 obusiers de 21 cm et de 30 canons-revolvers de 53 mm lançant par minute 39600 balles et éclats.

L'assaillant, absolument sans couvert sous cette pluie de balles, exposé encore aux projectiles ricochant sur les cuirasses, peut-il dans ces conditions détestables essayer de faire sauter les coupoles par la dynamite qu'on préconise à tout propos? Évidemment non. Voyons maintenant l'action de l'infanterie: Au lieu d'être tombée sous les bayonnettes des troupes d'assaut, elle se sera repliée sur les réserves et, après s'être ainsi renforcée, elle attaquera l'ennemi par les ailes, si d'ailleurs, chose improbable, il se trouve encore là.

Il résulte de cet exposé que, pour tenter l'assaut d'un ouvrage construit d'après le type, planche XX, il faudrait attaquer simultanément plusieurs ouvrages contre lesquels un bombardement préalable n'a que peu d'effet.

Mais si le succès d'une telle entreprise dépend uniquement de la réussite de quelques coups isolés, les difficultés de la conduite de l'attaque et les dangers d'un revers augmentent en dehors de toute proportion.

Nous considérons comme un avantage des ouvrages cuirassés de permettre d'en établir un plus grand nombre et de réduire ainsi leurs intervalles. Dans la défense par le rempart découvert on ne peut pas, comme nous le savons, aller trop loin dans cette voie. C'est le contraire dans notre système: non seulement pour les forts de ceinture, mais encore pour les groupes de forts, nous préférons former un assemblage défensif de petits ouvrages. **L'esquisse de la planche XIX doit indiquer**

les limites à la réduction des dimensions de ces forts, en leur assignant
un appui réciproque mais sans les priver de leur autonomie. Avec de
pareils ouvrages cuirassés, on pourrait réduire les intervalles à 1000 m.

Par cet exemple et les observations générales précédentes, nous
croyons avoir épuisé la question de la défense des forts des types
planches XIX et XX contre une attaque de vive force et nous pouvons
par conséquent passer aux exemples appliqués aux types suivants.

Pour juger si le fort de la planche XXI possède la propriété
d'être à l'abri d'un assaut, nous devons faire remarquer que cette
propriété est la conséquence de l'appui que donnent les ouvrages
collatéraux. C'est ici le moment de faire ressortir l'inconvénient qui
résulte de l'emploi de la fortification à rempart découvert pour la
mousqueterie.

Si la garnison doit attendre avec la bayonette l'ennemi sur le
rempart, on perd l'avantage de l'appui des ouvrages voisins, du moins
dans les derniers moments, qui sont décisifs, et l'obscurité et le brouillard
deviennent des auxiliaires importants pour l'attaque. Qu'il s'agisse de
notre système ou de celui à rempart découvert, il serait impossible
aux défenseurs de l'enveloppe de suivre les anciennes prescriptions,
qui sont d'attendre à la bayonnette l'assaillant et, en cas d'échec, de
se retirer dans d'autres positions défensives. Nous prescrirons donc
à l'infanterie qui défend un ouvrage de ce genre de se retirer de l'enveloppe aussitôt que les colonnes d'assaut s'approchent. La retraite
s'opère vers les galeries pour mousqueterie, pour défendre ensuite le
fossé à la gorge et pour maintenir ouvertes les communications avec
les troupes chargées de soutenir ou de reprendre l'ouvrage.

La ligne enveloppe a donc peu de valeur et l'on pourrait s'en
passer; mais l'ouvrage n'aurait plus ainsi qu'une action frontale relativement faible. Cela est surtout sensible quand on compare l'ouvrage
de la planche XXI à celui de la planche XIX, qui est à peu près de
même grandeur. La comparaison tournerait à notre avantage si on
la faisait avec un ouvrage de même développement frontal mais à
rempart découvert, à cause de l'effet puissant des revolvers de 53 mm.

La ligne de feu serait occupée par 100 hommes qui, par un tir
rapide, donneraient 1000 coups par minute. Mais le revolver le plus
avancé seul lance déjà 30 fois 80, ou 2400 boites à balles dans le
même temps. Il en résulte qu'on fera mieux de réduire la garnison
en infanterie et de ne plus laisser qu'une garde pour la défense de la
gorge de l'ouvrage par les galeries pour mousqueterie. Naturellement
quand on remplace la force humaine par la machine, on doit être
certain que celle-ci fonctionne bien au moment décisif; il faut donc
absolument disposer d'une réserve suffisante en canons-revolvers.

Pour discuter le type de fort de la planche XXII, et la résistance qu'il peut opposer à une attaque de vive force, nous allons nous occuper d'abord de la garnison en infanterie.

Celle-ci, après avoir fourni à l'artillerie les auxiliaires nécessaires, doit encore comporter 500 hommes qui sont destinés à faire des petits retours offensifs, aussitôt que de petites sorties pourraient donner des résultats.

Quelques coups de pelle suffiront pour disposer dans ce but le talus intérieur du parapet en y découpant des rampes, tandis que les doubles poternes permettront aux troupes rassemblées dans le fossé de l'ouvrage central de faire des sorties en colonne double par sections.

Dans le cas d'un assaut, les défenseurs ne resteront pas derrière la crête du chemin-couvert, mais ils s'empresseront de garnir les créneaux des locaux de logement pour battre de là les bords du fossé.

Un fort détachement se rassemblera dans les trois grandes casemates des traverses de l'ouvrage central pour s'opposer en bonne formation à l'ennemi arrivant sur le parapet. A cause de l'action si puissante des canons-revolvers, il paraît inutile de faire intervenir le tir de l'infanterie, postée à la ligne de feu, qui dans notre tracé a 250 m de développement; il vaut mieux réserver ces troupes pour les retours offensifs. C'est seulement quand la plupart des revolvers sont hors de service qu'il y a lieu de garnir d'infanterie le rempart découvert.

Comme l'ouvrage n'a pas de rapports collatéraux et comme des combats de troupes dans le terrain extérieur à grande distance ne sont pas à prévoir, des canons-revolvers de 37 mm suffisent dans le cas donné, ce qui présente une économie considérable. Il est vrai que la boîte à balles de ce calibre ne renferme que 18 balles, mais on peut compter sur 60 coups par minute, ce qui fait 1000 projectiles lancés par chaque revolver dans le même espace de temps. Les 24 revolvers, avec 120 servants, produisent le même effet que 2400 hommes armés de fusils.

Les grenades à main ne sont destinées qu'à la défense des fossés des batteries.

Une double grille en fer remplace ici les réseaux en fil de fer, afin de permettre à la garnison de se servir du fossé, tout en empêchant une escalade rapide des talus revêtus.

Les servants des batteries sont relevés fréquemment, ce qui peut se faire en toute sécurité. Les hommes logés dans les casemates du fossé de l'ouvrage central jouiront d'un repos relatif, puisque cet ouvrage ne participe pas au combat d'artillerie, et que l'assiégeant est forcé de concentrer tous ses efforts sur les batteries de canons et de mortiers.

Il serait d'ailleurs difficile pour l'attaque de démonter les canons-
revolvers en perçant le parapet, qui a une épaisseur de 25 m et forme
en même temps un dépôt de terres suffisant pour combler les entonnoirs produits par les bombes.

Le fossé de l'ouvrage central forme le principal obstacle contre
une attaque de vive force.

Le glacis intérieur planté d'arbres est garni, sur 80 m de développement, de réseaux en fil de fer ordinaires; cet obstacle entoure
aussi la batterie de mortiers. Il peut d'autant mieux remplacer les
réseaux formés de spirales, qu'il est dérobé aux vues de l'ennemi et
que le glacis a une pente assez forte.

En présence des feux croisés de 12 canons de 15 cm et de
24 canons-revolvers, un assaut aurait peu de chances de réussir, si
l'on tient compte surtout qu'il devrait aboutir sur tous les points
pour arriver à ses fins.

C'est précisément un des grands avantages de la fortification
cuirassée par rapport à l'attaque de vive force, que les moyens de
combats actifs aient très-peu à souffrir du bombardement qui précède
et accompagne l'assaut, et, par suite, il est possible de diminuer de
beaucoup les défenses passives. On peut donc réaliser des économies
sur ce point et augmenter ainsi les fonds disponibles pour les cuirassements.

Si nous examinons le fort du type représenté planche XXIII Fort cuirassé
par rapport à la résistance à une attaque de vive force, nous voyons planche XXIII
que cette propriété résulte surtout de la disposition par groupe et
du soutien réciproque que les trois petits ouvrages indépendants
peuvent se prêter. Le feu croisé de 18 revolvers de 53 mm fera
échouer toute tentative d'assaut, même étant donné l'écartement des
ouvrages, qui est de 400 m d'axe en axe.

Cependant chaque fort, pris isolément, est suffisamment à l'abri
d'une attaque de vive force, bien que le fossé profond soit supprimé.

Nous reviendrons sur le profil choisi pour cet ouvrage; ailleurs,
nous avons déjà fait sentir la tendance que nous avons de dérober
d'avantage encore à la vue de l'ennemi les cuirassements de nos
fortifications. Comme obstacle matériel, nous avons constitué un
avant-fossé résultant de la continuation du glacis jusqu'en dessous du
terrain naturel. Cet avant-fossé est garni d'une quintuple haie en fil
de fer. Une pareille disposition doit augmenter la difficulté de jeter
des ponts, et ceci n'est en tout cas possible que si le feu de la
défense a été éteint. Si l'on ne considère que les difficultés techniques,
il est assez aisé de jeter un pont sur un fossé peu profond et

complètement rempli d'obstacles en spirales de fil de fer; c'est pourquoi nous avons préféré leur substituer des haies établies à intervalles convenables.

Dans ce but, on doit disposer de plantations en quantité suffisante pour permettre un enchevêtrement serré des fils de fer entre les troncs d'arbustes et cela sur 2 m de hauteur et 2 m de largeur. L'écartement entre ces haies est porté à 4 m d'axe en axe. Il faut avoir soin de ne pas donner aux bouts des spirales une grande résistance, afin de n'offrir aucun soutien aux ponts portatifs. Quand il n'y a pas de plantations, on doit chercher à constituer des haies de 2 m de hauteur en faisant servir comme chevalets des équerres en fer de faibles dimensions que l'on réunit au sommet par un lien en fil métallique. Entre ces chevalets réunis entre eux par des fils de fer isolés, on peut alors entasser facilement les spirales jusqu'à une hauteur de 2 m. Par suite de l'existence des intervalles, on n'a pas besoin de plus de spirales pour cette disposition que pour un obstacle continu de moindre hauteur.

Cette défense accessoire est battue de front et d'écharpe, aussi bien par les 6 revolvers de 53 mm, placés à la cote + 4, que par les 6 revolvers de 37 mm à la cote — 0,5. Ces derniers, dérobés à la vue, auraient à souffrir tout au plus par des coups accidentels de mortier de gros calibre, et tiendraient, de concert avec les 6 obusiers de 15 cm, le fossé sous un feu nourri de boîtes à balles.

Si l'ennemi, après un bombardement prolongé au moyen d'obus-torpédos, croit avoir ruiné suffisamment les moyens de défense active du fort, en même temps que les défenses passives, et s'il marche à l'assaut, le défenseur pourra lui opposer un nouvel obstacle en creusant des fossés d'urgence, opération que la disposition du profil favorise.

Ajoutons que les communications des trois petits forts sont pourvues d'emplacements et d'abris pour 12 pièces de campagne qui peuvent agir contre les colonnes d'assaut aussi longtemps que l'assaillant n'est pas arrivé entre les ouvrages. Ces pièces doivent être retirées à temps dans les abris, pour ne pas gêner le tir par lequel les forts doivent se soutenir mutuellement. Toute la disposition est prise pour permettre aux pièces de campagne de participer à la défense des intervalles, avec la faculté de changer d'emplacement, et pour éviter de les enfermer dans les forts.

3. Le fort cuirassé dans la lutte d'artillerie.

Nous avons fait remarquer, dans l'introduction à cet ouvrage, que la différence dans les dimensions des buts offerts au tir a mis, après l'introduction du canon rayé, la défense dans une position d'infériorité vis à vis de l'attaque.

Du temps du canon lisse, on ne pouvait agir efficacement qu'à la distance de 800 à 1000 pas. Les forteresses de tout genre avaient un champ d'action libre jusqu'à cette distance et leur artillerie était installée dans des positions bien préparées à l'avance, tandis que l'assiégeant devait se créer ces positions en vue et sous le feu de la place.

Il n'en est plus de même aujourd'hui; l'assiégeant trouve pour ses bouches à feu, dans un rayon de 3000 et de 4000 m, des couverts à peine visibles de la place et bat avec succès la forteresse, dont les grands reliefs sont bien visibles au loin.

Les termes de ce rapport seront renversés par l'introduction des cuirassements. L'artillerie de la défense pourra même reprendre sa véritable tâche, si souvent méconnue, qui consiste à empêcher les **travaux d'approche** de l'assiégeant et cela quelles que soient les petites dimensions des objectifs qu'ils présentent au tir. Jusqu'à ce jour, l'artillerie de la défense placée sur le rempart découvert se trouvait dans une situation tellement désavantageuse, qu'elle devait déployer toute sa force pour contrebattre les batteries chargées de protéger les travaux d'approche et, malgré tous les efforts, elle était bientôt contenue et vaincue. Rarement une occasion favorable se présentait où quelques coups de canon pouvaient être dirigés contre les travaux d'approche. Le contraire a lieu pour l'artillerie protégée par des cuirasses; ayant conscience de sa propre sécurité, elle n'a pas besoin de se mettre en peine pour contenir le feu de l'adversaire, elle peut donc s'attaquer aux travaux d'approche avec toute l'énergie voulue.

Grâce au tir plongeant de pièces de gros calibre, la forteresse est en état de combattre avec succès les travaux de terrassement; puis la rotation facile des coupoles permet de diriger facilement le tir sur tous les buts qui se trouvent à la portée des pièces.

. Le meilleur champ d'action pour le mortier n'est pas la zone la plus rapprochée, mais celle qui s'étend de 1500 à 2000 m de la place. Pour combattre les travaux approchés, surtout ceux qui s'exécutent sur le glacis, nous comptons principalement sur l'action des positions collatérales, qui peuvent si bien être utilisées par les pièces sous coupole et sont si difficiles à contrebattre par l'attaque. En conséquence, nous n'avons pas jugé nécessaire de prendre des dispositions spéciales pour le **combat frontal rapproché**.

Rappelons-nous enfin que notre système permet de réduire à volonté les intervalles, sans être amené, comme pour la fortification à rempart découvert, à n'avoir plus que des ouvrages étriqués ou bien des constructions trop coûteuses.

Qu'on se représente maintenant une attaque pied à pied par la sape ou par la mine qui, arrivée au pied du glacis, se trouve prise d'enfilade par les gros canons frettés, par les mortiers de 21 cm et par les obusiers. Tandis que, dans la défense par rempart découvert, ce sont précisément les pièces chargées de ce rôle qui sont le plus facilement réduites au silence, dans notre système les pièces sous cuirasse sont à peu près indestructibles. Dans ces conditions, on peut arrêter longtemps l'ennemi avant son arrivée à la contrescarpe. C'est déjà un avantage considérable de gagner du temps dans cette période du siège, et le moral des troupes en sera considérablement relevé. Puis on pourra se passer de toutes ces constructions de petites chicanes, au moyen desquelles on a cru pouvoir arrêter l'ennemi dans les dernières phases de la lutte. Les économies ainsi réalisées sur les ouvrages pourront être employées plus utilement au profit de la cuirasse.

Fortification sous cuirasse comparée à une ceinture de forts actuels à rempart découvert.

Afin de nous rendre un compte exact des avantages que nous comptons acquérir dans le combat d'artillerie au moyen de l'emploi systématique des cuirasses, nous allons mettre notre système en comparaison avec une ceinture de forts de construction actuelle, basée sur le principe de la défense par le rempart découvert. Commençons par récapituler, comme au chapitre précédent, l'armement de nos ouvrages.

Premier exemple.

Les forts sont construits et armés d'après les modèles les plus nouveaux.*

Dans les trois grands ouvrages A, B, C, les 56 pièces de rempart peuvent être réparties en en plaçant 8 au front de gorge, 6 sur chaque flanc et 18 sur chaque front de tête. De ce nombre, il y en a 12 par face et 4 par flanc qui, prises parmi les gros calibres, sont destinées

---

* En prenant pour base le coût d'un fort avec fossés revêtus, les frais pour chaque pièce de rempart reviennent à 75000 marks. Si on compte toutes les pièces du fort, y compris les pièces de déplacement et les mortiers, le prix par pièce n'est plus que de 45000 marks. Quoique cette somme ait été estimée d'après le prix des constructions en Allemagne pendant les dix dernières années, et que ces prix aient été relativement élevés, une diminution du coût de 75000 marks par pièce de combat est à peine à prévoir, puisqu'il faut tenir compte de l'accroissement des effets du nombre. D'après ce prix moyen, un fort de 56 pièces de rempart coûte en chiffres ronds 4000000 marks et un ouvrage intermédiaire de 10 pièces 750000 marks.

à la véritable lutte d'artillerie, tandis que les autres pièces légères sont réservées surtout contre une attaque de vive force. Les ouvrages intermédiaires ne sont armés que de canons de 9 cm.

Considérons en face de cet armement la première position d'artillerie ennemie; plaçons-la à 2500 m et limitons l'action des pièces de gros calibre à la distance minima du tir à shrapnel, donc à 4500 m. Cela donnera pour la partie du front opposée au fort B un développement de 3500 m environ. Cette partie du front de l'attaque sera battue par les 24 canons de combat des faces du fort B et 8 pièces des flancs des ouvrages collatéraux. Ces dernières ne portent pas même jusqu'au milieu de la position adverse. De plus l'action est limitée, car le champ de tir ne pourra pas excéder 45°, si on ne veut rendre illusoire toute protection par les traverses.

Entre les capitales de deux ouvrages, il y a une bande de terrain d'environ 1400 m qui n'est battue que par les 8 pièces de combat des deux flancs.

Pour le tir à démonter, dont la distance est de 1600 m, on peut concentrer vers le milieu de la position les pièces de combat des faces du fort B et des flancs des forts collatéraux, ce qui donnera 24 + 8 = 32 pièces.

Mais la bande de terrain entre les capitales qui ne sera battue que de 8 pièces, s'agrandit jusqu'à 1700 m.

Nous avons pris comme exemple un fort d'un armement si puissant, qu'on n'en a pas construit de pareils, excepté à Anvers. Mais, même alors, il est visible que les positions intermédiaires doivent devenir les positions principales, car, à l'inconvénient du petit nombre de pièces dont le tir peut être concentré sur un point de l'attaque, s'ajoute celui de la grandeur du but offert au tir ennemi. Figurons-nous maintenant les trois grands ouvrages remplacés par des forts cuirassés d'après le type, planche XX, avec des ouvrages intermédiaires d'après le type, planche XIX. Alors les relations changeront en ce sens que le seul facteur à considérer dans la concentration du feu sera la distance du point à battre. Limitons, comme dans l'exemple précédent, la portée à celle du tir à shrapnel des gros calibres, ce qui s'applique aussi bien aux obusiers des ouvrages cuirassés qu'aux canons de 15 cm frettés, et fixons cette distance à 3500 m comme pour les mortiers.

Le milieu du front de la première position d'artillerie n'est battu que par les 24 pièces des faces du fort B, d'ancienne construction, tandis que, dans notre système, on peut concentrer sur ce point le feu de 20 canons de 15 cm des coupoles batteries des petits ouvrages, ainsi que celui de 12 obusiers de 21 cm et d'au moins 8 mortiers de

21 cm sous cuirasse. Entre deux capitales, le terrain est battu par 16 canons de 15 cm frettés, 24 obusiers de 21 cm et 8 mortiers de 21 cm, tandis que, pour l'autre système, ou n'avait que les 8 pièces des flancs. Dans les considérations ci-dessus, nous nous sommes basés sur la présence de 200 pièces sur rempart découvert pour un développement de 4000 m occupé par les deux fronts. *

Il pourrait sembler que nous avons voulu exagérer l'avantage du prix en faveur de notre système en démontrant la nécessité d'un armement aussi fort avec le système à rempart découvert et en faisant ressortir l'obligation de transformer les positions intermédiaires en positions principales.

Citons donc un autre exemple, où nous adopterons les dispositions admises dans presque tous les pays pour les lignes de ceinture de forts.

Deuxième exemple   Soit, planche I, fig. 1, une ligne de ceinture de forts d'un rayon de 6000 m, nous avons, avec 12 fronts, environ 3000 m d'intervalle. Les forts seront armés de 46 pièces, y compris les pièces des flancs et les mortiers. Dans chaque intervalle, il y a un petit ouvrage intermédiaire de 4 pièces légères pour servir de point d'appui à des batteries établies à côté.

Chaque face est armée de 6 pièces de combat et de 4 pièces légères, chaque flanc de 3 pièces de combat et de 2 pièces légères. Pour le front de gorge il y a 4 pièces légères, pour les flancs 8 pièces légères, ce qui fait, en y comprenant les 4 mortiers, un armement total de 46 pièces.

La figure 1 de la planche I fait voir combien de pièces peuvent concentrer leur tir, aussi bien contre la première que contre la deuxième position d'artillerie.

Dans ce cas, comme dans le précédent, la comparaison est en faveur du système cuirassé. En effet, à rempart découvert, vers le centre du front de la première position d'artillerie, nous avons l'action des pièces de combat des faces de l'ouvrage du milieu et celles des pièces des flancs collatéraux, ensemble 18 pièces.

Vers la capitale, et sur une longueur de 1400 m, on n'a plus que l'action de 9 pièces de combat (voir planche I, fig. 1, les chiffres en noir); puis vient une zône non battue de 300 m de développement. A 1000 m, distance du tir à démonter, on n'est exposé vers la capitale de l'ouvrage moyen et sur un espace de 250 m de longueur qu'au tir

---

* D'après le prix moyen de 75000 marks par pièce, un tel armement coûterait 15000000 marks. Nous démontrerons que, pour nos types de fortification cuirassée, la dépense se monterait seulement à 11750000 marks, puisque pour les deux fronts on n'aurait que $3 \times 31 + 4 \times 14 = 158$ pièces cuirassées.

de 18 pièces et, vers les côtés, sur une longueur de 300 m, à celui de 12 pièces de combat seulement; vient ensuite une zone étroite de 150 m qui n'est plus battue que par 3 pièces, puis une de 1300 m qui ne l'est que par 6 pièces du combat.

Ces nombres prouvent la nécessité de transformer les lignes intermédiaires en positions principales d'artillerie. *

Mettons maintenant à la place de ces ouvrages des forts cuirassés, comme celui du type planche XIX. On obtient alors pour les deux fronts 5 fois 14 = 70 pièces, dont 40 de gros calibre (voir planche I, figure 1, les chiffres en rouge). Il n'est pas douteux que ces pièces cuirassées n'obtiennent un effet de beaucoup supérieur à celui des pièces à rempart découvert.

Il est à peine nécessaire de faire remarquer qu'une protection aussi formidable donnerait une grande sécurité et une grande facilité pour constituer des positions intermédiaires pour un petit nombre de canons longs de 12 cm, ou pour quelques pièces courtes de 15 cm, ou pour des mortiers.

La première position d'artillerie doit nécessairement obtenir cet effet d'affaiblir assez la défense pour que celle-ci ne puisse plus s'opposer à l'établissement de la deuxième position. Contre le système de défense à ciel ouvert, on y réussira plus ou moins facilement, mais, contre la fortification cuirassée, l'attaque sera probablement obligée d'engager toutes ses forces dès le début du siège.

Les inconvénients dont la cuirasse était entachée s'effacent; on peut dire que l'ancienne méthode d'attaque a fait son temps.

On a avancé de différents côtés qu'il était relativement facile de détruire les pièces cuirassées, en cherchant à percer l'avant-cuirasse. *Percement de l'avant-cuirasse et du parapet en terre couvrant.*

C'est une critique qui a exercé son influence sur les détails de notre construction.

L'application des coupoles d'après les principes de la fortification à rempart découvert entraînerait, pour les cuirasses, des inconvénients sérieux, auxquels on ne pourrait pallier qu'à force de sacrifices d'argent.

Il est facile de concevoir que rien ne nuit plus à la solidité du parapet qu'une plongée fortement inclinée. Les cuirassements doivent alors subir un renforcement de leur parapet en terre et de l'avant-

* En estimant, pour cet exemple, les frais d'un ouvrage au taux moyen de 45000 marks par pièce, y compris les pièces des flancs et les mortiers, on obtient pour l'ouvrage principal 48 fois 45000 = 2160000 marks et pour un ouvrage intermédiaire 180000 marks.

Les deux fronts, à 3000 m de développement, exigeraient donc une dépense de 3 fois 2160000 + 2 fois 180000 = 6840000 marks.

cuirasse. Or, l'avant-cuirasse est la partie la plus coûteuse de toute la construction et l'économie à réaliser dans cette partie, en adoptant une disposition et un emploi judicieux, est considérable.

Une coupole isolée, qui se trouve placée derrière un parapet de 8 à 10 m d'épaisseur et dont la plongée est inclinée de 6 à 10°, n'est plus assez protégée par une telle couche de terre, à moins d'avoir une avant-cuirasse très-forte et descendant très-bas.

Ce point a d'autant plus d'importance que les levées en terre peuvent être, de nos jours, beaucoup plus aisément percées et rasées par le tir des mortiers et des obusiers si nombreux dans les parcs de siége, et lançant des obus longs à charge intérieure excessivement forte.

Pour ce motif, nous avons, dans nos expériences de Cummersdorf, renforcé considérablement le parapet de nos affûts cuirassés, et la commission a retiré la partie du programme concernant la mise en brèche de ce parapet, comme n'étant pas à prévoir à la guerre. Néanmoins, sur les projets planches XIX à XXII, nous avons renforcé jusqu'à 15 m l'épaisseur du parapet de coupole, dont 12 m en terres et 3 m en béton et granit, en prévision de l'introduction de l'obus--torpédo, le projectile le plus dangereux pour nos constructions. Il faut absolument empêcher que cet obus ne se creuse un entonnoir immédiatement au pied de l'avant-cuirasse.

Pour parer au danger de voir raser par le tir le **parapet en terre** et éviter les conséquences fâcheuses qu'entraînerait la destruction de ce moyen de protection, il faut soustraire autant que possible les coupoles au **tir direct**. Il faut aussi augmenter le **nombre des coupoles**, puisqu'il n'y a pas toujours possibilité de les rendre indestructibles.

Nous avons dit dans l'introduction qu'il ne s'agissait pas en fortification de créer un couvert absolu, mais d'obtenir une juste relation entre l'action et le couvert, et **ce serait à nos yeux une faute si on voulait, à tout prix, rendre absolument indestructibles certaines parties à fortifier au moyen de cuirassements:** L'argent à dépenser serait mieux employé à étendre le **nombre de pièces** qu'à renforcer outre mesure les cuirassements.

Les parapets en terre des batteries d'obusiers de la planche XX seraient très-difficiles à détruire attendu que l'adversaire ne peut pas juger de l'effet de son tir. Il en est de même pour l'avant-cuirasse de la coupole-batterie pour le 15 cm; l'ennemi ne peut pas observer ses coups avant d'avoir complétement rasé la bonnette. Mais les obus, même à forte charge, n'entameront pas sérieusement une levée de terre de 15 m d'épaisseur, surtout qu'ils doivent toucher le talus extérieur assez bas pour ne pas ricocher sur la surface inclinée qui se forme.

Par la division du travail, appliquée avantageusement aux différentes bouches à feu, nous arrivons à diminuer notablement les difficultés techniques et financières des constructions cuirassées. En couvrant suffisamment l'avant-cuirasse, nous pouvons réduire ses dimensions et réaliser ainsi une nouvelle et notable économie.

Nous avons à ajouter quelques mots concernant le combat d'artillerie d'un fort d'après le type planche XXII.

Combat d'artillerie du fort isolé, planche XXII.

Les canons longs en acier fretté ne doivent pas seulement participer au combat d'artillerie, mais ils doivent aussi concourir à repousser les attaques de vive force. Dans ce dernier cas, ils tirent à shrapnel, la fusée réglée à zéro, ou bien à boîtes à balles.

On a choisi, comme cuirasse à appliquer dans ce cas, le type planche V qui admet une dépression de 4°, afin de pouvoir répondre à une double exigence quant au feu à fournir.

Le peu de relief, — 3 m. pour l'axe des canons dans leur position horizontale, 1 m seulement au dessus de la crête du glacis, et les rideaux de plantations rendent le pointage sur ces batteries extrêmement difficile. Elles ne tranchent pas sur l'horizon et cependant elles découvrent mieux le terrain que les batteries encaissées de l'attaque. Pour assurer une bonne observation du tir, nous avons ajouté un observatoire central.

A l'inspection du plan, on verra que, dans le cas d'un assaut, les pièces de 15 cm n'étant pas masquées par une bonnette, elles peuvent battre directement, et le terrain extérieur, et les batteries voisines, et l'ouvrage-noyau.

La position plus exposée des pièces de 15 m rendra les coups d'embrasure plus probables, mais la manière dont ces 12 pièces sont placées en petits groupes isolés imposera à l'adversaire de grands efforts, avant de réussir à en mettre quelques unes hors de combat. Les batteries de la défense jouissent des mêmes avantages que celle de l'attaque quant à leur situation, mais elles ont en plus la protection passive puissante des cuirasses et d'un parapet de 16 m d'épaisseur, dont 6 m en maçonnerie. Puis la grande facilité avec laquelle les coupoles peuvent tourner augmente considérablement l'effet de leur artillerie.

La séparation des batteries, que l'emploi des cuirasses rend si aisée, constitue d'après nous un très-grand avantage, surtout dans le combat d'artillerie.

Le général Brialmont a objecté à ce système, que les petites batteries cuirassées plus nombreuses rendent le commandement et la conduite du feu plus difficile.

Voyons le bien-fondé de cette critique, en discutant le plan de l'ouvrage, planche XXII.

La conduite du feu est un facteur tellement important pour l'action de toute position de combat préparée d'avance, que nous devons examiner soigneusement l'influence que peuvent exercer les cuirasses en général sur l'observation et la direction du tir.

Écoutons d'abord l'opinion de von Sauer, il dit: „Beiträge zur Taktik etc." pag. 50.

J'ai fait remarquer que les batteries de **mortiers** peuvent être établies partout, mais en exceptant absolument **une seule** installation, le fort même, puisque, dans **l'intérieur du fort**, le mortier est le plus exposé au **tir plongeant de l'ennemi**. Il n'y a pas longtemps que le fort était considéré comme l'emplacement naturel de l'artillerie de la défense, mais actuellement, et surtout depuis que le tir plongeant a pris une si grande importance dans la guerre de siège, on serait plutôt porté à mettre en doute que le fort puisse encore servir comme **première installation** de l'artillerie de la défense.

Il est certain que l'artillerie de l'attaque ne rencontrera pas de sérieuses difficultés pour paralyser complètement l'artillerie placée sur le **rempart** des ouvrages avancés. Mais on a cru pouvoir attribuer une action particulièrement efficace à l'artillerie placée sur les remparts élevés, et cela surtout à cause du commandement sur le terrain extérieur. Il me semble qu'on a trop oublié au moyen de quels sacrifices on acquiert l'avantage du commandement. Cette propriété a comme conséquence de devoir établir l'artillerie dans des ouvrages **bien fermés, élevés et bien visibles au loin**. Puis la forme qu'on est obligé de donner à l'ouvrage condamne la moitié de l'armement à l'inaction. Vient ensuite l'immense inconvénient que chaque ligne sert de réceptacle aux projectiles ayant manqué la ligne opposée. Enfin l'intérieur du fort est tellement battu par le feu de l'assiégeant, sans nécessiter un tir spécial, que toute activité tactique y est complètement paralysée.

Il se peut que, comme artilleur de **campagne**, je ne saisisse pas bien les avantages du relief; l'artillerie de campagne a abandonné depuis longtemps la tendance à s'emparer des points les plus élevés du terrain, et je ne doute pas qu'il ne se trouve pour l'artillerie de forteresse assez de positions **en dehors** des forts pour battre efficacement le terrain extérieur. Il n'y a donc pas lieu de s'enfermer dans l'enceinte close du fort, qui ne semble être construite que pour offrir à l'adversaire un but qu'il lui est presqu'impossible de manquer.

Mais le fort n'est pas seulement un excellent objectif pour le tir des batteries d'attaque, il est de plus bien inférieur à ces batteries en ce qui concerne la **conduite tactique** de son **propre** tir.

Qu'on compare les **services de l'artillerie** dans une batterie type ou dans une réunion de batteries et dans un fort occupé d'après les règles de la guerre, et l'on verra que l'avantage se trouvera du côté des batteries.

Là, les 6 pièces sont sous les ordres d'un même commandant pénétré de sa tâche et de son but. Trois ou quatre de ces batteries sont ensuite réunies en un **groupe**, tout cela absolument comme dans l'artillerie de campagne. Dans certains cas favorables, tout le groupe n'a besoin que d'un seul **observateur** du tir, tout au plus en faudrait-il un par batterie. — **Dans les forts, c'est bien différent!** — On s'y place comme du temps du canon lisse, où on ne connaissait pas les méthodes de réglage de tir dans le sens moderne du mot. On trouve donc 3 ou 4 pièces sur chaque flanc, 4 ou 5 sur chaque face, une aux angles d'épaule ou au saillant de l'ouvrage avancé. Pour l'ensemble de toutes ces positions avec des pièces de **différents calibres**, il n'y a souvent qu'un officier; cependant il devrait commander à 4 batteries distinctes — sans compter les pièces isolées — et toutes ont un **observateur spécial**, un but de tir distinct, un objectif tactique distinct, une autre relation collatérale, etc.

Il faudrait examiner comment ces opinions trouveraient leur application dans l'ouvrage du type qui nous occupe.

Nous avons donné à nos batteries une série d'avantages; sans compter la protection de la cuirasse, elles ont un relief suffisant pour découvrir le terrain extérieur tout en n'offrant qu'un très-petit but au tir de l'adversaire.

Nous avons placé au centre un observatoire spécial dont la disposition générale est renseignée à la planche XXII et dont les détails de construction sont indiqués à la planche III.

Cet observatoire central est en communication, par porte-voix ou par téléphone, avec toutes les batteries du fort, y compris les batteries de canons-revolvers et de mortiers.

Les logements du commandant du fort et d'une partie de son état-major sont groupés autour de cet observatoire. Par une lucarne, située à la cote + 9, on peut découvrir tout le terrain extérieur, tandis que, par un cran de mire, on peut pointer exactement sur un point donné. Un indicateur donne l'angle que font entre elles la ligne de visée et la ligne qui joint les centres de l'observatoire et de la batterie. La longueur de cette dernière ligne étant connue, ainsi que la distance du but, on en déduit la direction de chaque pièce par les moyens indiqués plus haut quand nous avons supposé la visée faite non pas d'un observatoire, mais d'une coupole cuirassée servant de goniomètre. Si donc il n'y a pas d'officiers dans les batteries pour y diriger le combat, la conduite du tir peut parfaitement se faire de la station centrale. La direction tactique devient donc au moins aussi simple dans les forts que dans les batteries d'attaque.

Si on voulait essayer d'établir, dans les mêmes conditions quant à la direction du combat, un ouvrage d'après l'ancien système qui permette de diriger sur chaque point du terrain extérieur 12 à 15 canons de 15 cm et 24 mortiers de 21 cm, on se heurterait à de grandes difficultés. En effet, l'ouvrage formerait, avec ses remparts, ses traverses, ses parados, un ensemble impossible à dominer d'une seule station. Par contre, pour l'ouvrage planche XXIII, on peut d'un coup d'œil embrasser la situation, et le commandant, placé au centre, peut diriger à lui seul le feu de toutes les pièces de l'ouvrage.

On verra, à l'inspection du croquis, planche VI, que la coupole cuirassée de la station centrale est extrêmement difficile à détruire.

D'ailleurs, l'ouvrage central n'intervient pas dans le combat d'artillerie, et l'assaillant, qui a déjà de la peine à ne pas succomber sous le feu des 36 grosses pièces cuirassées et des 24 canons ambulants, ne songera certainement pas à concentrer l'action de son artillerie sur l'observatoire.

Ajoutons que la défense ne dépend aucunement du maintien de cette station comme, par exemple, le vaisseau de guerre dépend de la conservation de son gouvernail. Admettons que l'attaque parvienne à détruire la station centrale, elle enlèverait ainsi, il est vrai, à la défense un appareil très-utile pour observer **aisément** et diriger le tir, mais elle ne la priverait aucunement de la possibilité de continuer le feu dans des conditions convenables. Il y aurait alors tout simplement similitude entre la situation de notre fort et celle d'un ouvrage à rempart découvert.

Pour remplacer l'observatoire central, on se servirait d'une des coupoles à éclipse pour canons-revolvers, qu'on soulèverait à propos, car l'observation ne doit jamais être qu'intermittente et de courte durée. Notre dessin montre quelle est, dans ce cas encore, la simplicité de transmission des ordres.

Les batteries de mortiers, quand elles manquent de la direction de la station centrale, peuvent simplement régler leur tir sur des repères placés dans le chemin couvert. La visée se fait alors par l'âme de la pièce au moyen de dioptres.

Revenons finalement à la dissertation sur l'exemple planche XXIII.

Pour ce cas, nous avons choisi une autre disposition en renonçant aux avantages d'un observatoire élevé, afin de soustraire mieux encore la fortification aux vues et au tir de l'ennemi, que dans les exemples précédents. L'action puissante des obus-torpédos a fait naître l'idée de ce type de fort, qui est particulier à la nouvelle édition de notre livre. En diminuant le relief de l'ouvrage, en ne le présentant plus que comme une ondulation du terrain plantée d'arbres, nous avons voulu rendre impossible toute reconnaissance exacte. Il ne reste alors au tir ennemi que des chances d'atteindre accidentellement des affûts cuirassés, buts déjà si résistants et si petits, et ce n'est même qu'un coup d'embrasure qui puisse produire un effet réel.

Nous considérons toujours comme un cas exceptionnellement défavorable, dû à des circonstances très-désavantageuses, celui où il faut absolument couvrir une batterie au moyen de cuirasses contre un tir continu de puissants mortiers. La difficulté réside alors bien plus à préserver de la destruction les alentours de la cuirasse que la cuirasse elle-même. Nous proposons donc une autre solution: Étant donné le principe qu'il faut chercher d'abord l'action, puis le couvert,

Combat d'artillerie du fort isolé, planche XXIII

il y a lieu de se demander si deux pièces avec cuirassements plus faibles n'auraient pas plus d'effet qu'une pièce unique sous une cuirasse d'une force double, les frais de construction étant les mêmes? Nous répondons par l'affirmative. Il n'y a pas lieu de se préoccuper outre mesure de la possibilité de voir démonter telle ou telle pièce cuirassée par une atteinte des obus-torpédos, car nous sommes parvenus à installer sous des cuirassements d'après notre système, sans plus de dépenses, autant de pièces qu'en suivant les principes de l'ancienne école. On aura toujours obtenu l'avantage d'avoir garanti le matériel sous cuirasse contre l'artillerie de siège actuelle, et celui de le mettre à l'abri des causes de dégradations provenant des influences atmosphériques. Les chances de destruction par les obus-torpédos seront d'ailleurs fortement diminuées, quand nous aurons renforcé la résistance qu'offre le fer par un masque habilement disposé, comme nous le verrons dans l'exemple qui nous occupe.

Pour le fort du type de la planche XXIII, la ligne de feu est à 4 m au dessus du sol, et, comme dans la plupart des cas on choisira les éminences du terrain pour y établir les fortifications, la défense se trouvera dans de meilleurs conditions pour découvrir les environs que l'attaque dans ses batteries encaissées. L'élévation de l'ensemble des trois forts représentés planche XXIII fait voir que les ouvrages auraient tout simplement l'aspect d'ondulations de terrain. Si on y ajoute quelques plantations habilement disposées, toute reconnaissance exacte de la fortification de la part de l'attaque devient impossible.

Les buts sur lesquels l'effet des obus-torpédos est surtout à craindre sont assez éloignés les uns des autres pour n'être pas compris à plusieurs à la fois dans la dispersion probable d'une même pièce.

Chacun des 3 forts du groupe a comme armement:

      1 canon de 15 cm fretté,

      6 obusiers de 15 cm,

      6 canons-revolvers de 53 mm,

      6   _   _ de 37 mm.

La perte de l'un ou de l'autre des 18 obusiers ou des 36 canons-revolvers ne mettra donc pas l'ouvrage en danger.

Les 3 canons frettés sont les plus exposés quoique complètement dérobés à la vue du dehors. Ils ne battent pas le glacis, mais ils peuvent participer au combat d'artillerie jusqu'à la distance du tir à démonter rapproché. Comme le groupe n'a que 3 de ces pièces, elles sont plus fortement protégées; leurs cuirasses et les alentours devraient subir plusieurs atteintes d'obus-torpédos pour être mis hors de service.

Comme les affûts cuirassés des canons frettés sont défilés par un parapet, il n'est pas possible d'observer les coups directement, pas plus que de diriger le tir des obusiers. On a donc établi 6 observatoires à coupole tournante, qui permettent de bien découvrir le terrain, tout en pouvant être masqués par quelques touffes d'herbes. Ces postes d'observation, au nombre total de 18, ne sont à l'abri que des éclats et des petits projectiles, mais, quand même une partie en serait détruite par de gros projectiles, leur nombre doit compenser les chances de pertes. A la dernière extrémité, on disposerait toujours de la plate-forme entourée d'un fossé de 2 m de profondeur, avec communications latérales, pour y établir des observatoires d'urgence.

Le profil de l'ouvrage fait voir que le glacis, dont la crête est à la cote + 4 m, a une pente qui conduit jusqu'à — 3 m sous l'horizon. Il se forme ainsi un large fossé peu profond garni d'obstacles en fil de fer et pouvant être battu de front et décharpe par un feu violent.

Cette disposition a en plus l'avantage de donner aux cuirasses un couvert difficile à raser.

Les autres avantages des dispositions indiquées à la planche XXIII ressortent surtout de la difficulté pour l'attaque de pouvoir observer suffisamment les ouvrages.

Le tir des canons frettés de 15 cm s'effectue dans les mêmes conditions que pour le même calibre dans les projets discutés antérieurement. La principale lutte frontale d'artillerie incombe aux obusiers, comme dans le projet planche XX, dont ils ne diffèrent que par le calibre. Il serait avantageux de remplacer, dans chaque ouvrage, deux obusiers par des mortiers rayés de 21 cm, ce qui pourrait se faire sans aucune difficulté et donnerait l'avantage de forcer l'ennemi à constituer ses couverts plus solidement.

Les revolvers de 37 mm sont destinés exclusivement à agir contre une attaque de vive force. Ils sont défilés complètement et ne pourraient être atteints que par accident. Les revolvers de 53 mm ont une action plus étendue; en leur donnant une cuirasse suffisante contre les pièces de campagne, on pourra les employer de temps en temps contre des batteries et contre les têtes de sape, tout en ayant constamment égard à leur destination principale, qui est de repousser l'assaut.

4. Locaux couverts dans les forts cuirassés.

Dans le chapitre précédent, nous avons indiqué à grands traits quelle est la valeur tactique des cuirassements. Il nous reste à traiter la constitution des locaux couverts pour loger la garnison. Sans avoir une influence immédiate sur les relations tactiques de la guerre de siége, ces installations exercent une action considérable sur la bonne marche de la défense.

C'est justement dans cette question que les difficultés se sont accumulées à cause des progrès dans les moyens d'attaque. On doit actuellement compter avec une série de nouveaux facteurs: la grande portée des canons lançant le projectile à d'énormes distances, les grands angles de chute et l'effet renforcé des obus de gros calibre.

La difficulté d'établir des casernements à la gorge des ouvrages ira en grandissant. L'ennemi se mettra en batterie à 6000 et à 7000 m puisque la grande surface à battre permet d'obtenir une proportion suffisante de coups réussis.

Les casernes à la gorge peuvent même déjà devenir intenables, devant l'artillerie de campagne qu'un ennemi décidé, en forçant la ligne des forts, pourra mettre en batterie.

Mais il y a beaucoup de cas, comme par exemple les forts d'arrêt, où le front de gorge manque et où on n'a donc pas une partie spéciale du fort pour y établir les casernes.

Il en est ainsi également pour nos forts cuirassés, auxquels nous avons été amené à donner la forme circulaire à cause de la propriété des coupoles de pouvoir faire face dans toutes les directions.

Nous n'avons donc pas de front de gorge et même nous considérons cela comme un avantage: Quand la ligne de forts est forcée, toutes les pièces cuirassées peuvent faire feu vers l'intérieur du camp retranché, pourvu que les dispositions aient été ménagées pour tirer dans toutes les directions.

Pour montrer la position scabreuse des fronts de gorge, nous allons rappeler l'exemple d'un camp retranché décrit p'us haut. Nous avons supposé une ceinture de forts distante de 7600 m du noyau avec des intervalles de 4000 m. En jetant un coup d'oeil sur la constitution d'un tel camp retranché, on verra immédiatement le danger auquel les faibles fronts de gorge sont exposés, dans le cas où un des forts est tombé ou quand l'ennemi est parvenu à forcer la ligne en passant par un intervalle. Et ce dernier genre d'attaque est possible, car les flancs des forts, pouvant être battus d'enfilade, s'ont d'une réelle insuffisance. Par contre, figurons-nous que l'ennemi veuille s'emparer d'un de nos forts cuirassés. Comme ce fort reçoit un appui efficace de ses collatéraux, l'assaillant est absolument obligé d'attaquer **plusieurs ouvrages à la fois** afin de se créer une base pour pouvoir procéder à l'attaque de l'enceinte. Mais comment pourrait-il assurer les flancs de sa position?

Les ouvrages cuirassés ont vers l'intérieur du camp retranché une action concentrique, par conséquent plus énergique que vers l'extérieur où le tir est excentrique. En examinant la position, et en ne considérant que la distance du tir à shrapnel, on voit que les ailes de l'attaque sont intenables, à moins que tous les forts de la demi-circonférence ne soient tombés. Ceci exigerait la prise de 5 grands forts et de 4 ouvrages intermédiaires. Il est à peine nécessaire de faire remarquer qu'une telle tâche demanderait seule plus de temps et de forces que l'attaque en règle de l'enceinte même.

Dans bien des cas, il n'est pas seulement difficile d'établir dans les ouvrages des casernes ne pouvant être prises à revers à grande distance, comme nous avons réussi à le faire pour les ouvrages planches XIX et XXI, mais encore le défilement vertical est devenu bien plus laborieux. En effet, l'angle de chute peut être porté pour l'obusier de 21 cm à plus de 30°, tout en laissant aux projectiles assez de vitesse restante pour le tir à démolir.

Et l'on progresse toujours: on peut actuellement atteindre les fondations des constructions sous des angles bien plus grands, en tirant des obus-torpédos avec le mortier rayé de 21 cm. Contre les atteintes de ces projectiles, présentés par K r u p p en 1882 aux expériences de Meppen, ainsi que par G r u s o n, même les casemates à voûtes en décharge, comme celles de la planches XXII, ne donneraient pas une sécurité suffisante. Cependant il n'y a pas possibilité de pousser plus loin le défilement vertical.

Les progrès de l'artillerie ne permettent plus d'hésiter; il faut se résoudre à n'avoir que des locaux à éclairage artificiel. Nous admettons que ceux-ci conviennent moins à une occupation prolongée que quand le jour pénètre en plein. Mais on n'arrive jamais à ce résultat, même quand la construction a été faite en vue de l'obtenir.* Il vaut donc mieux faire abstraction de l'éclairage naturel et bâtir des locaux où, pour le reste, tout soit disposé de façon à satisfaire aux exigences de l'hygiène et à tenir compte le plus possible du bien-être du soldat.

Examinons les casemates des forts modernes; leurs grosses murailles sont enfoncées dans le sol de 10 ou de 15 m et, malgré les fenêtres dans le mur de masque, ce ne sont toujours que des espèces de caves. Si, pendant le siège, on blinde les fenêtres pour se garantir des éclats de bombes, le peu de jour qui pouvait pénétrer fait absolument

---

* Les sièges de la guerre de 1870-71 en présentent de nombreux exemples.

défaut et on doit finalement recourir à l'éclairage artificiel dans ce dédale de communications, de locaux et de magasins. Dans le projet planche XIX nous avons suivi le principe de ne construire que peu de casemates profondes et nous avons eu soin de mettre leur cubage dans un rapport convenable avec l'étendue du mur de masque extérieur baigné d'air; mais de telles constructions ne sont possibles que sur les fronts de gorge. Les locaux de logement de la planche XX manquent absolument de jour, mais on y a établi une ventilation suffisante et on les a soustraits à toute cause d'humidité. Des galeries élevées, construites sur des formes ogivales d'après notre système, sont pourvues d'un grand nombre de cheminées, une par escouade, qui assurent le renouvellement de l'air et servent en même temps au chauffage. Nous sommes d'avis qu'il est important de procurer au soldat de la distraction; la préparation des aliments et l'entretien des feux lui en donneront.

Les coupes de la planche XXIII indiquent comment on peut combiner les foyers, les stations pour observatoires et les coupoles pour revolvers, et obtenir une ventilation qui réponde parfaitement aux exigences.

On doit arranger les locaux de logement pour le petit nombre d'hommes nécessaires à la défense du fort à la façon des caves-restaurants confortables, et nous sommes persuadés qu'alors, malgré l'éclairage artificiel, la petite garnison ne cédera pas volontiers sa place aux troupes chargées de la relever. On se rapelle à ce sujet que nous avons posé en principe de relever régulièrement la garnison, et cela peut très-bien se faire à cause de la grande simplicité du feu des casemates cuirassées.

Dans les grands forts avec réduit, coupures, parados et traverses, il est souvent difficile de s'orienter, même pour un homme de métier. On doit donc y laisser une garnison permanente, en lui imposant comme devoir d'honneur de défendre le fort jusqu'à la dernière extrémité. Nous craignons seulement que ceux qui ont préconisé ce procédé, dont les inconvénients ne tarderaient pas à se faire sentir, n'aient pas eu d'idée d'un bombardement tel qu'il sera à l'avenir. On peut bien assigner à une fraction déterminée de troupes la défense d'un groupe de forts et de ses positions intermédiaires et en arrière, on peut faire de la défense de cet ensemble une affaire d'honneur, mais, aux points où le combat se concentre, il faut pouvoir relever les défenseurs.

Chapitre V.

De l'application des affûts cuirassés aux fortifications existantes.

Pour mettre bien en évidence la valeur des cuirassements, on doit en faire la base de toute la fortification.

En pratique, il est souvent difficile de réaliser cet idéal. On voudra cependant utiliser les fortifications existantes, d'autant plus que leur construction ou leur transformation ont parfois coûté des sacrifices considérables. Il nous reste donc à montrer comment on pourra adapter nos affûts cuirassés aux fortifications actuelles et pour cela il suffit de quelques mots, après ce que nous venons de dire sur la différence entre la défense à rempart découvert et celle au moyen de cuirassements. L'idée qui nous a guidé reste la même; nous voulons avant tout _la plus grande économie de forces,- nous voulons doter la défense de moyens tels que l'attaque ne saurait les mettre en oeuvre, ou ne saurait le faire qu'avec des sacrifices énormes.

Il ne faut donc pas placer la force de la défense dans les batteries intermédiaires construites au dernier moment; car de cette manière la défense ne pourrait lutter avec l'attaque que si elle disposait de ressources numériques égales, et alors il n'y aurait pas lieu de se borner au rôle de **défenseur**. Il importe, au contraire, de constituer en temps de paix des ouvrages permanents, qui doivent pouvoir résister de par eux-mêmes et être constitués en conséquence. On obtient une fortification remplissant cette condition par l'application judicieuse des cuirassements. Il faut naturellement s'attendre à des objections, surtout à celle que les cuirasses sont un complément absolument trop coûteux, quand on a fait déjà tant de frais pour la construction du fort lui-même. Cependant il y a moyen d'arriver peu à peu à économiser l'argent nécessaire à une correction radicale, c'est de renoncer à temps à des modifications successives qui, finalement, ne sont que des palliatifs et dont la pratique rappelle celle de l'autruche dans certaine position périlleuse.

1. Affûts cuirassés pour canons frettés placés dans les forts.

Si on veut obtenir que les canons frettés soient en état, grâce à la cuirasse, de commander le terrain à grande distance et d'atteindre, par des changements de direction, l'ennemi rapidement et sûrement dans toute la zone dangereuse, il faut placer ces pièces dans les forts. Les ouvrages intermédiaires sont armés de préférence de bouches à feu à tir plongeant, car on n'a besoin que de portées moindres et les accidents de terrain nuiraient au tir à trajectoire tendue.

Par une juste appréciation des difficultés qu'il y aurait pour les forts à mener à bonne fin le combat d'artillerie, on a voulu limiter leur rôle en le définissant comme suit:

1° soutenir l'infanterie dans la défense du terrain en avant;

2° repousser toute entreprise contre les forts ou contre leurs intervalles;

3° entamer, en attendant l'intervention des batteries intermédiaires, la lutte avec la première position d'artillerie, qui sera presque toujours démasquée inopinément;

4° puisque les pièces du rempart de l'ouvrage attaqué et des ouvrages collatéraux sont destinées à succomber aussitôt que le combat d'artillerie sera arrivé à son développement, il ne faut laisser à l'intérieur des forts, dans les positions les mieux abritées, que le nombre de pièces nécessaire pour pouvoir repousser une attaque de vive force et pour profiter de certaines chances favorables que peut offrir la lutte d'artillerie.

5° placer les pièces devenues ainsi disponibles dans des batteries en dehors des forts, autant que le terrain le permet, ces batteries restant en relation d'approvisionnement avec le fort auquel elles ressortissent.

La nécessité de réduire ainsi la tâche de l'artillerie de rempart étant généralement admise, il est singulier de voir conserver aux forts, à part quelques variations dans les dimensions et dans l'organisation des détails, le même type qu'à l'époque où l'on croyait pouvoir imposer aux ouvrages permanents toute la lutte d'artillerie. Nos projets sont tout autres: Nous rappelons d'abord que nous nous sommes élevés contre la tendance à donner à une même espèce de pièces des destinations hétérogènes; nous avons au contraire préconisé la division du travail; car les pièces de combat et celles qui doivent agir contre les attaques de vive force doivent être distinctes.

Si, en appliquant les cuirasses, on voulait borner l'action de l'artillerie des forts à ce qu'elle a été jusqu'aujourd'hui, et conserver en principe les batteries intermédiaires, l'artillerie des ouvrages transformés ne satisferait pas même à la tâche déjà si restreinte des pièces de rempart.

En effet, la bouche à feu cuirassée ne peut pas être retirée de sa position, „après avoir inquiété l'ennemi par un tir de quelques coups à grande distance."

Elle **doit** accepter le véritable combat d'artillerie qui suit, et comme elle doit aussi être disposée en prévision d'une attaque de vive force, il se produira ce que nous avons déjà exposé: l'assaillant démontera la pièce, car il doit le faire, s'il veut avancer. Nous avons montré d'ailleurs que l'ennemi **arrivera à ses fins**, quand il n'aura affaire qu'à un nombre restreint de pièces sous cuirasse.

Nous présumons donc que, dans les derniers moments du siège, il ne restera presque plus de pièces cuirassées à tir direct en état de continuer le combat.

Par contre, nos coupoles-batteries, couvertes par des bonnettes, pouvant prendre sous leur feu les forts collatéraux et le terrain extérieur découvert à 1000 m, rempliront parfaitement le but d'inquiéter l'ennemi à grande distance et de mettre sa première position d'artillerie sérieusement en danger. Elles n'auront perdu que la faculté de battre immédiatement le glacis en avant du front. Et même ce dernier point peut être obtenu, si l'on pratique des embrasures dans la bonnette, opération qui peut se faire sans grande peine.

C'est d'après ces considérations que nous chercherions à installer dans les fortifications existantes nos canons de 15 cm frettés sous cuirasse. Si, par exemple, l'ouvrage a une coupure transversale ou un front de gorge, nous placerions les pièces, ou par une ou par quatre, dans une coupole, toujours en supposant la possibilité de créer un couvert suffisant en avant. Il faudrait alors régler le défilement pour que, en visant avec 2 ou 3° d'élévation, la trajectoire passât par-dessus le parapet et qu'ainsi les pièces pussent tirer à forte charge contre les batteries de deuxième position.

Nous croyons avoir prouvé suffisamment, qu'il sera à peu près impossible à l'ennemi de détruire des cuirasses ainsi défilées; leur effet collatéral, si important, pourra donc être conservé indéfiniment. Bien plus, les pièces cuirassées placées d'après ces principes peuvent empêcher l'ennemi de s'établir sur le rempart, si l'ouvrage est pourvu d'une coupure.

L'installation de cuirasses sur les caponnières exigerait des dépenses trop considérables pour l'importance d'un simple flanquement du fossé, à cause des fondations nécessaires à la constitution du parapet. Il est vrai que de cette position on peut agir directement vers les deux intervalles, mais, tant qu'il s'agit de la lutte contre des buts résistants, les pièces placées d'après nos principes produisent le même effet.

De la ligne de feu de l'ouvrage on peut très-bien diriger, observer et corriger le tir des pièces cuirassées, avec d'autant plus de facilité que ce tir est indirect et que l'on n'est pas pressé par le temps.

Il ne serait donc pas avantageux de choisir les caponnières comme substruction de coupoles cuirassées devant participer au combat d'artillerie. Nous nous déclarons même les **adversaires décidés** d'un pareil choix, parce que la concentration en ces points du feu des batteries d'attaque mettrait la caponnière en danger. Rappelons à ce sujet l'effet du tir du canon court de 21 cm, qui fait brèche sous un angle de chute de 30°, et celui des obus Krupp, de 6 calibres de longueur.

En général, quand il y a lieu d'appliquer le système mixte de la défense à ciel ouvert combiné avec les cuirasses, il faut placer celles-ci **en arrière** du rempart et à une distance telle que les éclats des projectiles n'atteignent pas le parapet.

Ce dernier point n'a cependant pas l'importance qu'on pourrait lui attribuer à première vue, surtout à la suite des expériences faites avec d'anciens obus. En effet, pour entamer les cuirasses, on doit se servir d'obus en acier de la meilleure facture; ceux-ci ne se brisent que s'ils touchent sous un angle convenable, sinon ils ricochent ou ils s'enterrent dans le parapet de coupole et, dans ce cas, vu leur petite charge explosive, ils ne produisent aucune action vers l'extérieur. Mais le cas où le projectile frappe sous un angle convenable pour se briser, ne se présentera que rarement, comme on pourra s'en rendre compte en examinant le profil de la cuirasse et en considérant que les circonstances de guerre sont bien différentes de celles où l'on se trouve au polygone. Dans la défense à ciel ouvert, les projectiles en acier sont donc bien moins à redouter pour les éclats que les obus longs à forte charge explosive. Cette circonstance permettrait même de placer les cuirasses en première ligne. Cependant nous tenons à la position plus en arrière que nous leur avons d'abord assignée. On trouvera souvent à utiliser comme substruction des coupoles les casemates des fronts de gorge, mais il faut avoir soin de les couvrir d'une couche de terre suffisante pour résister à un feu concentré des pièces de gros calibre dirigées contre la cuirasse.

2. Affûts cuirassés pour canons frettés dans les ouvrages intermédiaires.

Dans la plupart des lignes de ceinture de forts, les intervalles sont tellement grands qu'en cas de guerre l'on est forcé d'intercaler des ouvrages intermédiaires provisoires. Mieux vaut alors les construire d'une façon permanente en temps de paix, et les armer d'affûts cuirassés; on obtiendrait ainsi un soutien réciproque très-efficace des ouvrages. Rappelons que les pièces cuirassées sont surtout précieuses pour flanquer les intervalles et les ouvrages voisins.

Il est impossible de fixer à priori l'armement de ces ouvrages intermédiaires: le nombre et l'espèce des pièces dépend absolument des circonstances.

Quand les intervalles sont réduits par l'ouvrage intermédiaire à 1500 ou 2000 m, les canons de 12 et de 15 cm en acier fretté suffisent, ainsi que les pièces à tir plongeant de gros calibre. Les canons-revolvers de 53 mm peuvent même participer passagèrement au combat contre les batteries.

On n'a considéré les ouvrages intermédiaires que comme des points d'appui, à l'abri d'une attaque de vive force, pour servir à la garde et à la défense des batteries dans les intervalles. L'armement de ces ouvrages ne se composait donc que de quelques pièces légères et toute la construction se faisait au moindre prix possible.

Parfois on a placé des batteries cuirassées dans des ouvrages intermédiaires, quand il y avait une tâche particulièrement importante à remplir. Mais cela n'était jamais que l'exception; on a toujours voulu que les coupoles dominassent le terrain à grande distance et alors les forts étaient indiqués tout naturellement pour leur servir d'emplacement, bien mieux que les ouvrages intermédiaires.

Nous ne considérons tout d'abord un ouvrage intermédiaire que comme une position de flanquement qui doit arrêter les progrès de l'attaque contre les forts voisins, dès son arrivée à la deuxième parallèle. Ce n'est donc pas un obstacle à l'emploi des canons frettés de gros calibre dans les ouvrages intermédiaires, que leur action soit limitée à cause des accidents de terrain interceptant la vue; car il est toujours possible de diriger leur tir des forts voisins, qui ont une position plus dominante.

3. Affûts cuirassés pour mortiers.

Quand un fort doit être pourvu de mortiers, il faut avoir soin de les placer de façon que la dispersion des coups du tir plongeant de l'ennemi ne comprenne pas le fort dans son rayon. Il faut donc mettre les mortiers assez loin sur les côtés, soit derrière un glacis, soit dans les ailes du fossé de gorge prolongé. Comme il est plus facile de couvrir les mortiers que les canons, on a cru pouvoir se dispenser de la cuirasse dans ce cas; nous admettons cela également pour les petits mortiers de 9 et de 15 cm.

Mais le mortier rayé de 21 cm, même du modèle de Krupp, n'est pas une pièce mobile, déjà à cause de ses munitions; on ne peut donc le changer de position quand l'ennemi a réglé sur lui son tir. Parfois aussi le mauvais temps et le terrain détrempé empêcheront tout déplacement de la pièce, quelque soit le danger de sa position. Il est donc préférable de se couvrir fortement, mieux que l'adversaire ne pourrait le faire, et de forcer alors l'ennemi à se déplacer lui-même. Il en sentira rapidement le besoin quand les projectiles de 21 cm pleuvront sur lui par douzaines.

Nous comptons donner aux mortiers, grâce à la cuirasse et aux ressources de la mécanique, des avantages, quant à la précision du tir et à la protection des servants, tels que l'attaque ne pourra jamais les réaliser. Du temps du canon lisse et surtout dans la fortification polygonale, on a établi des batteries casematées pour mortiers dans les arrondissements des saillants, afin d'entraver sérieusement les progrès de la sape en capitale. Mais il suffit de comparer ces batteries en maçonnerie, avec leur couvert insuffisant et leur champ de tir restreint, aux dispositions d'après la planche XII. pour se rendre compte de la réforme radicale qu'amène l'emploi du fer dans la fortification.

4. Affûts à éclipse pour canons-revolvers,
dont le but est d'agir contre les attaques de vive force et
contre les travaux de sape.

Après 1870, les prétentions de l'artillerie avaient fait écarter à peu près tous les éléments de la défense des ouvrages par la mousqueterie, de manière à transformer les forts en de véritables batteries, et — par une contradiction étrange — sans leur imposer en même temps la partie principale et prédominante dans la lutte d'artillerie. Depuis lors on s'est souvenu de la grande efficacité des feux de l'infanterie et on s'est avisé d'ajouter aux remparts hauts des enceintes basses, afin d'y placer l'infanterie et de la faire participer à la défense des ouvrages contre les attaques de vive force.

Ce moyen de défense n'est cependant pas aussi efficace que l'emploi des canons-revolvers. D'ailleurs, pour produire des feux de mousqueterie en masse, il faudrait disposer d'une forte garnison en infanterie, tandis que nous ne voulons utiliser cette arme que comme garde de sûreté pour les entrées des ouvrages.

Dans les fortifications **existantes**, il sera difficile d'étendre la participation de la mousqueterie, puisque l'établissement des enceintes basses nécessite toujours des modifications et des frais considérables. C'est pourquoi nous proposons de remplacer l'action d'une forte garnison par celle des canons-revolvers avec affût à éclipse, dont, au surplus, l'installation est facile.

Afin d'obtenir pour ces pièces une trajectoire rasante, il faut leur donner un emplacement bas; s'il y a déjà une enceinte basse, le revolver y trouve un emplacement tout indiqué. Les substructions fournissent alors des couverts pour la garnison de l'enceinte basse. Cette garnison peut être réduite à un minimum, car les canons-revolvers, avec un petit nombre de servants, peuvent donner un feu beaucoup plus intense que la mousqueterie. Celle-ci serait d'ailleurs peu efficace contre les colonnes d'assaut, car il est reconnu que les hommes, dans la chaleur de l'action, quand ils ne sont pas bien abrités, visent toujours trop haut afin de s'exposer moins aux vues et aux coups de l'ennemi. (Voir Wagner, le Siége de Strasbourg.)

Quand il n'y a pas d'enceinte basse, nous proposons de rendre au chemin couvert son ancienne importance qu'on a trop négligée dans les forts modernes, et d'y placer les canons-revolvers.

Pour cela il suffit de faire, dans le chemin de ronde qui remplace ordinairement le chemin couvert, des places d'armes avec blockhaus armés de canons-revolvers. Cette disposition donnerait contre les assauts une action bien plus puissante que celle qu'on obtiendrait par la construction coûteuse d'une enceinte basse. Les blockhaus, qu'on pourrait organiser d'après un système à arceaux (comme celui de nos projets antérieurs, planches XVI et XVII), seraient couronnés d'un affût à éclipse. On les entourerait, pour les séparer du glacis, d'un fossé de 5 à 6 m de largeur et de 1,5 m de profondeur rempli de spirales en fil de fer, en ayant soin de laisser un parapet suffisant à la construction.

Si nous plaçons au saillant et à chaque angle d'épaule deux affûts à éclipse pour canon-revolver de 37 mm et si nous renforçons l'obstacle formé sur le glacis par les souches d'arbres en les entrelaçant de fils de fer, nous aurons un dispositif qui fera abandonner d'emblée toute idée d'y diriger un assaut. En effet, le flanquement des réseaux en fils de fer par les revolvers et l'action réciproque de ceux-ci est extrèmement efficace; tant qu'un seul revolver restera en action, il sera impossible à l'assaillant d'assembler les échelles et de gravir les remparts. Remarquons que, pendant la lutte au bas de l'ouvrage, celui-ci ne sera aucunement entravé dans son action sur le terrain extérieur.

Il faudra, comme nous l'avons fait dans nos projets, donner aux affûts à éclipse un parapet en maçonnerie assez fort pour résister aux effets des obus de gros calibre.

La construction peut servir en même temps de corps de garde et recevoir facilement une communication avec le fossé.

Contre une attaque en règle, les revolvers ainsi établis ont l'avantage de compromettre sérieusement, avec un minimum de forces et dans la plus grande sécurité possible, la situation de l'ennemi cherchant à ouvrir des parallèles. Ces pièces peuvent aussi, en émergeant inopinément, arrêter par leur feu la marche des sapes (ceci surtout quand on dispose de revolvers du calibre lourd) ainsi que l'ont prouvé des expériences faites, même avec le calibre de 37 mm.

5. Caponnières cuirassées avec canons-revolvers pour le flanquement des fossés.

Il nous reste à élucider la question des **caponnières**, qui n'ont trouvé aucune application dans nos projets renseignés planches XIX à XXIII.

Si le flanquement part de l'escarpe, les maçonneries du fossé d'après le profil en usage ne sont plus suffisamment défilées, surtout pour les caponnières et quoique la largeur du fossé ait été réduite au point de compromettre la défense.

Des expériences assez nombreuses prouvent que l'obusier de 21 cm tirant normalement à l'escarpe du fossé, même le plus étroit, peut entamer le revêtement assez bas pour y faire brèche.

Les obus-torpédos n'ont même pas encore été expérimentés dans ce sens !

La partie de l'escarpe située dans le prolongement du fossé de la caponnière, qui doit flanquer celle-ci et qui, dans ce but, est crénelée et constituée à voûtes en décharge, se trouve d'autant plus exposée que le nombre de pièces de la caponnière est plus grand.

La caponnière également, même avec un fossé réduit à 8 m de largeur, n'est plus assurée contre la démolition au moyen d'un tir dont l'angle de chute est de 30°. Pour cela quelques atteintes suffisent et, étant donnée l'importance du résultat, l'attaque ne manquera pas de prendre à temps ses dispositions en conséquence.

Si donc, pour des motifs connus, on ne veut pas flanquer le fossé par la contrescarpe, il sera bien difficile, dans la plupart des cas, d'assurer le flanquement rien que par des constructions en maçonneries.

Nous avons esquissé à la planche XV quelques dispositions pour le flanquement des fossés, basées sur l'emploi du canon-revolver sous cuirasse.

Les cuirassements donnent, sans augmentation de dépenses, un couvert beaucoup mieux assuré que les maçonneries: les caponnières, à cause de leur emplacement bas, ne peuvent être atteintes que sous de grands angles de chute et avec des vitesses finales faibles; on peut donc réduire l'épaisseur de leur cuirassement et par conséquent les frais. Les caponnières cuirassées trouvent surtout un bon emplacement aux saillants d'ouvrages à fossés pleins d'eau, mais il faut avoir soin de constituer un parapet en terre suffisant. Puisqu'elles dispensent au surplus de recherches méticuleuses dans le tracé du fossé pour éviter l'enfilade, elles procureront bien des allégen....ts.

La tâche de la caponnière reste d'ailleurs la même.

Nous ne traiterons pas ici des détails de la substruction, ils dépendent trop des circonstances.

La défense du fossé devant la tête de la caponnière s'obtient facilement, car les embrasures dans les caponnières fixes en fer ont un champ de visée beaucoup plus étendu que dans la maçonnerie et, si on dispose d'une caponnière rotative, on peut battre le fossé dans tous les sens, donc aussi vers la capitale.

Nous croyons pouvoir donner aux forts existants, par une application judicieuse du fer, un accroissement de force de résistance qui a certainement sa valeur; mais nous sommes bien éloigné d'affirmer que ces modifications obvieront aux défauts inhérents aux ceintures de forts à grand développement. Nous sommes plutôt de l'avis du général von Sauer qui, dans son dernier ouvrage „Ueber Angriff und Vertheidigung fester Plätze" (De l'attaque et de la défense des places fortes) exprime l'avis que l'inconvénient du fort, de former d'excellents objectifs de tir, se transmet aussi aux cuirasses. Les substructions et les parapets des cuirassements doivent, en général, être très-forte-

ment constitués, car ils doivent résister, le cas échéant, à un bombardement par les obus-torpédos des gros mortiers qui bouleverserait
de fond en comble les cuirasses et tout le reste du fort.

Mais en ce qui concerne les affûts cuirassés pour revolvers, on
se heurte alors à une difficulté; comme il faut disposer d'un nombre
assez considérable de ces pièces, les dépenses deviendraient absolument trop fortes. Le seul moyen de résoudre la question est de
se résigner à voir démonter tel ou tel affût à éclipse, sauf à en avoir
en nombre suffisant et de leur donner un emplacement où ils ne sont
pas directement exposés au tir des gros mortiers. Alors il sera permis
de réduire les frais d'installation et on pourra se procurer un nombre
suffisant de ces pièces si **importantes** actuellement dans la défense
des forts. Répétons ici que les forts — quelle que soit la manière
employée pour les armer d'affûts cuirassés — facilitent toujours à
l'ennemi la besogne de trouver les pièces abritées par la cuirasse.

Nous considérons comme inutile de faire beaucoup de transformations à nos forts actuels. Nous proposons de les laisser cachés
au moyen de rideaux de plantations habilement disposés pour tromper
l'ennemi sur leur emplacement exact et d'employer l'argent qui pourrait
être alloué à la défense du pays à améliorer la situation en renforçant
les intervalles. Pour cela, il faudrait **préparer** un déploiement de
batteries en construisant, comme points d'appui, des batteries cuirassées
tout autant dérobées que le seront les batteries en terre de l'attaque.
Cela donnera un emploi véritablement utile à de nouvelles ressources
en argent et plus fructueux que si on destinait celles-ci à la transformation des forts existants, même au moyen de cuirassements.

D'après nous, les forts doivent rester silencieux derrière leurs
masques d'arbres et c'est ainsi qu' ils peuvent rendre des services aux
lignes intermédiaires comme petites places de dépôt, comme siège du
commandement et comme observatoires pour diriger le tir des batteries
intermédiaires. Mais c'est dans les intervalles qu'il faut préparer des
moyens de combat au fur et à mesure que les ressources deviennent
disponibles. On commence par acquérir des terrains, par créer des
plantations, par établir des communications dérobées en utilisant les
accidents du sol; on se donne ainsi une grande avance pour l'armement
des batteries intermédiaires et on se conforme au principe fondamental,
d'utiliser le temps de paix en prévision de la guerre. Dans les lignes
intermédiaires on doit ensuite disposer d'un nombre suffisant de locaux
pour abriter les munitions et les hommes. L'usine H. Gruson a construit une série de modèles qui attendent la sanction des épreuves
pratiques auxquelles on va les soumettre. Au moyen de ces constructions dont il faudra se pourvoir en temps de paix, on pourra faire

en peu de jours et sur un emplacement voulu, des locaux à l'abri des obus même du plus gros calibre. On se créera ainsi des points d'appui qui donneront, dès le début, à la ligne une certaine garantie contre une attaque de vive force. D'autres constructions, venant de la même usine, permettront d'armer en une nuit les embuscades et les approches d'engins pour le tir rapide à boîtes à balles et à obus et mettront ainsi la ligne à l'abri d'une attaque de vive force tout en n'exigeant que très-peu de troupes d'infanterie.

Un avenir très-prochain nous réserve une autre question; celle de savoir s'il n'y a pas lieu de créer des positions à l'instar de Plevna, exclusivement militaires, pour éviter l'inconvénient d'une population civile nombreuse à l'intérieur d'une forteresse. Beaucoup d'officiers très-expérimentés ont considéré ce genre de places comme l'idéal à atteindre et on pourrait y parvenir, sans créer des positions d'une étendue démesurée, en se servant des constructions que nous venons de mentionner. Cela est d'autant plus important que l'ancienne fortification improvisée ne pourrait plus servir dans ce but; elle n'a qu'une valeur problématique en face du shrapnel et du feu plongeant. Ce dernier genre de tir va recevoir une nouvelle extension: l'expérience faite devant Plevna a imposé aux artilleurs russes la conviction que des pièces à tir plongeant seraient d'un immense secours pour l'artillerie de campagne. On a déjà fait, avec le mortier rayé de 9 cm, des expériences qui donnent la preuve qu'on dispose d'une nouvelle arme pour attaquer des troupes placées dans des retranchements.

Enfin, ce n'est qu'une question de temps de voir introduire des obus à charge intérieure brisante et alors la pluie de projectiles actuellement peu dangereux deviendra autrement redoutable. Devant tous ces progrès, de simples levées de terre sans couverts cuirassés n'auront presque plus de valeur.

Après ces considérations sur l'emploi des cuirasses dans la ligne la plus avancée, abordons la question des enceintes fermées.

La question de savoir s'il faut construire une enceinte capable de résister à une attaque régulière, quand la place est déjà pourvue d'une ceinture de forts cuirassés et solidement constitués, est encore ouverte. Par l'emploi des cuirassements, une solution semble s'indiquer, en ce sens qu'il peut suffire d'assurer la position centrale contre une attaque de vive force en faisant des installations provisoires à compléter au dernier moment par les moyens de défense que nous avons décrits, tels que des réseaux en fil de fer, des arceaux en fer pour galeries voûtées à l'épreuve de l'obus de 15 cm et un nombre suffisant d'affûts cuirassés de canons-revolvers. Il suffit alors de se ménager une bande de terrain boisé de 100 m de largeur qui relie les faubourgs, entourant la ville. Ajoutons-y quelques servitudes peu gênantes pour le tracé des routes et des rues et, dans certains cas, pour la disposition des ouvertures dans les faces des maisons tournées vers l'ennemi ainsi que pour les garanties contre l'incendie. Ces exigences militaires imposeraient très-peu de sacrifices à la population civile et ne créeraient aucune barrière au développement des villes. En revanche, en faisant des économies sur la construction de l'enceinte, on peut doter la ligne des forts de tout ce qui peut être utile à sa défense. Mentionnons avant tout une route militaire reliant les forts, avec chaussée et voie ferrée, d'après le profil de la planche V. Cette voie de communication faciliterait l'armement des batteries, la concentration des troupes et la construction des locaux pour les soutiens des batteries. Le profil indiqué, déjà proposé par Brialmont, est conçu de façon que la route ne gêne aucunement les retours offensifs. On peut aussi construire des casernes permanentes, mais sans aucun caractère défensif, pour y loger dans de bonnes conditions hygiéniques les réserves spéciales quand elles sont au repos. L'emplacement de ces établissements serait choisi, dans chaque secteur, d'après les circonstances et le terrain, de façon à ne pas trop les exposer et sans s'inquiéter outre mesure de leur distance à la ligne des forts.

Nous pourrons toujours opposer à l'ennemi qui aurait forcé les intervalles des masses de troupes d'autant plus considérables que nous ne sacrifions pas l'infanterie en l'immobilisant dans les forts; nous lui laissons la faculté de se replier sur la réserve spéciale et finalement sur la réserve générale. Et puis, étant donnés les intervalles restreints et fortement flanqués, une troupe ayant réussi à les passer serait dans un tel état qu'elle ne résisterait même plus à des charges de cavalerie. Ces attaques pourraient se faire en partant de la cour des casernes permanentes et devraient avoir le caractère d'une surprise.

On pourrait nous faire le reproche d'être inconséquent, parce que nous nous sommes opposé d'abord à la construction des batteries pendant la lutte et que, maintenant, nous préconisons la construction d'une position centrale **provisoire**. Ce reproche n'est pas fondé: Nous n'avons aucunement l'intention d'imposer de **grands travaux de terrassement** à l'instar des travaux de fortification provisoire en usage jusqu'à ce jour. Au contraire, les installations de notre position centrale auront le caractère des lignes d'investissement autour de Paris et de Metz, mais, avec la différence marquée, que là tout devait être improvisé, tandis que, dans notre projet, les éléments de la défense seraient préparés systématiquement et d'avance. Nous n'avons d'ailleurs pas l'intention de charger les troupes de ces travaux; des ouvriers civils feront bien mieux notre affaire.

Nous devons insister sur ce point que, si nous sommes arrivés à préconiser un caractère plus provisoire à la fortification de l'enceinte, c'est à cause des grands avantages que donne l'application des cuirasses rotatives. En effet, à l'inspection de la planche I, fig. 1, on verra que les circonférences en rouge, indiquant les sphères d'action des pièces cuirassées limitées d'après la portée du tir à shrapnel, comprennent la position centrale. Une attaque contre cette position sera donc prise en flanc et à revers, tant que la ligne des forts ne sera pas tombée sur tout le développement d'une demi-circonférence.

Le but d'une enceinte fermée est d'assurer la défense contre un assaut de la position centrale avec le moins de troupes possible. Mais le développement de l'enceinte ne permettra pas de concentrer les forces disponibles en un point, attendu que l'ennemi fera plusieurs attaques réelles ou feintes et forcera la garnison à se disséminer. Il faut donc que les moyens de défense passive donnent une sécurité suffisante, ce qui n'est pas le cas pour la fortification de nos jours. Notre système de constituer la position centrale offre plus de garanties d'une bonne défense: pour résister de front, nous avons les feux puissants des canons-revolvers et de la mousqueterie et des obstacles très-difficiles à franchir; puis nos forts, au moyen des coupoles, domineront très efficacement tous les accès de la position centrale, les intervalles des forts et l'intérieur du camp retranché.

Chapitre VI.

Devis approximatif des forts cuirassés.

Pour établir une comparaison de notre système de fortification cuirassée avec une ligne de forts du type en usage, nous avons pris comme exemple la disposition représentée à la planche II, comprenant 3 grands forts à 56 pièces de rempart avec 2 ouvrages intermédiaires à 8 pièces.

Un front de 8650 m est donc défendu par un grand fort dans l'axe de l'attaque, par deux grands forts collatéraux et deux ouvrages intermédiaires. Nous avons donné à ces ouvrages un armement extraordinaire, comme on en trouve seulement dans les forts belges et dans quelques forts français, pour prouver que, même dans le cas le plus favorable, des positions intermédiaires sont indispensables pour mettre la défense à ciel ouvert en état de se mesurer avec l'attaque. D'après notre hypothèse, il y a une pièce par 63 m de développement frontal, car il faut tenir compte que la moitié seulement des pièces des ouvrages collatéraux peut être dirigée vers l'attaque. Si nous prenons comme base les sommes dépensées dans l'empire allemand pour les fortifications pendant les douze dernières années, nous trouvons que le prix moyen de l'installation fortifiée par pièce est de 75 000 mks. dans la ligne de feu, ou de 45 100 mks. si l'on tient compte des pièces sur les flancs et des mortiers. Cette somme même deviendra certainement insuffisante à l'avenir quand il faudra prendre des dispositions contre les effets du tir plongeant.

Voyons quelles seront les dépenses pour la fortification cuirassée d'après nos principes.

Dans le calcul du prix moyen de 75 000 mks. par pièce sur le rempart découvert, on n'a pas tenu compte de la valeur du terrain et de l'armement en artillerie. Nous ne donnerons donc également pour les ouvrages cuirassés que les frais de construction.

En ce qui regarde les cuirassements mêmes, les prix fixés par l'usine Gruson permettent une estimation approximative de ces constructions. Nous devons ajouter que ces prix varient avec la cote du fer sur le marché, et que naturellement le nombre des commandes à faire sur le même modèle exercera aussi une certaine influence sur le prix. Si certaines commissions et comités chargés d'élaborer des projets de fortification croyaient devoir formuler des exigences spéciales, surtout quant au renforcement des cuirasses, par suite d'opinions s'écartant des nôtres, il est évident que, dans ce cas, les prix subiraient également des modifications.

Dans l'annexe, nous avons donné approximativement le prix des cuirassements dont nous avons décrit les détails de construction.

Pour les constructions des locaux couverts, les prix sont calculés par mètre carré dans oeuvre, en se basant sur les installations de ce genre soumises aux expériences.

Ces constructions sont assez détaillées dans l'annexe pour que, à l'aide des planches, il soit possible d'apprécier au point de vue financier et statistique les installations de locaux voûtés que peut nécessiter un projet de fortification donné.

D'après cela, les prix devant servir de base au devis approximatif d'un ouvrage cuirassé peuvent être fixés comme suit:

		Mks.
1.	Affût cuirassé pour un canon 15 cm fretté, planche V environ	75 000
2.	„ „ „ 2 pièces . . . . „ VI „	180 000
3.	„ „ „ 4 „ . . . . „ IX „	200 000
4.	„ „ „ 1 obusier de 21 cm . . . . „ X „	65 000
5.	„ „ „ 1 mortier de 21 cm (avec le mortier) . . . . . „ XI „	45 000
6.	„ „ „ 1 canon-revolver de 53 m.m „ XIV „	28 000
7.	„ „ „ 1 „ „ „ 37 mm „ XVI „	17 000
8.	Locaux pour troupes, par mètre carré de surface de sol „	110
9.	Locaux pour magasins à munitions, par m. carré de surface „	80
10.	Grandes galeries de communication, par m. carré de surface „	60
11.	Galeries de mines, par mètre carré de surface . . . . . „	45
12.	Maçonnerie ordinaire, par mètre cube	30
13.	Maçonnerie en moellons de granit, par mètre cube	150
14.	Terrassements avec revêtement, par mètre cube	1
15.	Spirales pour réseaux en fil de fer, par mètre carré . . .	3
16.	Haies en fil de fer, par mètre courant	3.5
17.	Grille double de 2,50 m de hauteur, par mètre courant . . .	80
18.	Tuyaux à grenades, par kg	0,40
19.	Maçonnerie en pierres sèches, par mètre cube	15

D'après ces prix, on arrive aux résultats suivants:

I. Ouvrage cuirassé d'après le type de la planche XIX.

Mks.

Titre I. Terrassements.

40000 m. cubes de terrassements . . . . . à Mks. 1   40000

Titre II. Casemates en voûtes à arceaux.

1.	Locaux pour troupes, 450 m. carrés à Mks. 110 Mks.	49500
2.	Abris et magasins, 300 m. carrés à Mks. 80	24000
3.	Grandes galeries de communication, 50 m. carrés	
	à Mks. 60	3000
4.	Petites galeries de communication, 300 m. carrés	
	à Mks. 45	13500

Mks. 90000

soit   90000

Titre III. Maçonneries en général,
maçonneries des batteries de mortiers et des différents revêtements.

1.	Revêtements, 1480 m. cubes à Mks. 30 . . . . Mks.	44400
2	Maçonneries en moellons de granit, 145 m. cubes	
	à Mks. 150	21750
3	Maçonneries en pierres sèches, 2440 m. cubes	
	à Mks. 15	36600 102750

Titre IV. Cuirassements et autres constructions en fer.

1.	Une batterie-coupole pour 4 canons de 15 cm frettés Mks.	200000
2.	4 affûts cuirassés pour mortier de 21 cm,	
	à Mks. 45000	180000
3.	6 affûts cuirassés pour canon-revolver de 53 mm,	
	à Mks. 28000	168000
4.	2560 m. carrés de spirale pour réseaux en fil de	
	fer, à Mks. 3	7680
5.	13600 kg de tuyaux à grenades à Mks. 0,40, soit	5500 561180
	Pour les cas imprévus et pour la balance	78070

Somme   872000

Puisque l'armement de l'ouvrage est de 14 pièces, le prix de revient par pièce est de 872000, soit . Mks. 63000

2. Ouvrage cuirassé d'après le type de la planche XX.

Mks.

Titre I. Terrassements.

1. 13000 m cubes de terrassements à Mks. 1   13000

Titre II. Casemates à voûtes en arceaux.

1. Locaux pour troupes, 1460 m carrés à Mks. 110 Mks. 160000
2. Magasins à munitions et à approvisionnements,
    1732 m carrés à Mks. 80 . . . .   _ 138640
3. Galeries de communication, 828 m carrés à
    Mks. 45 . . . .   _ 37260   330000

Titre III. Maçonneries.

1. Substructions et revêtements, 6000 m cubes
    à Mks. 30 . . . . Mks. 180000
2. Maçonneries en moëllons de granit, 720 m cubes
    à Mks. 150 . . . .   _ 108000
3. Maçonneries en pierres sèches, 2250 m cubes
    à Mks. 15 . . . .   _ 33750   321750

Titre IV. Cuirassements et autres constructions
en fer.

1. Une coupole batterie à 4 canons de 15 cm freinés Mks. 200000
2. 12 affûts cuirassés pour obusiers de 21 cm à
    Mks. 65000 . . . .   _ 780000
3. 18 affûts cuirassés pour canons-revolvers de
    53 mm à Mks. 28000 . . . .   _ 504000
4. 20000 m carrés de spirales pour réseaux en fil
    de fer à Mks. 3 . . . .   _ 60000
5. 32250 kg de tuyaux à grenades à Mks. 0,40   _ 12900   1556900
    Pour les cas imprévus et pour la balance   154850

    Somme   2500000

Puisque l'armement de l'ouvrage est de 34 pièces, le prix
de revient par pièce est de 2500000, soit en chiffres

34

ronds . . . . Mks. 74000

3. Ouvrage cuirassé d'après le type de la planche XXI.

Mks.

Titre I. Terrassements.

1. 65 000 m. cubes de terrassements à Mks. 1 . . . .   65 000

Titre II. Casemates en voûtes à arceaux.

1. Locaux pour troupes, 720 m carrés à Mks. 110 Mks. 79 200
2. Galeries de dételer, magasins à munitions et
   autres, 810 m. carrés à Mks. 80 . . . . . .   64 800
3. Petites galeries de communication, 250 m carrés
   à Mks. 50 . . . .   12 500   156 500

Titre III. Maçonneries.

1. Revêtements, 840 m carrés à Mks. 30 . . . . . Mks. 25 380
2. Maçonneries en moellons de granit, 500 m. cubes
   à Mks. 150 . . . .   75 000   100 380

Titre IV. Cuirassements et autres constructions
en fer.

1. 4 Affûts cuirassés pour canon de 15 cm fretté
   à Mks. 75 000 . . . . Mks. 300 000
2. 4 Affûts cuirassés pour mortier de 21 cm à
   Mks. 45 000 . . . .   180 000
3. 6 Affûts cuirassés pour canons-revolvers à
   Mks. 28 000 . . . .   168 000
4. 13 200 m carrés de spirales pour réseaux
   à Mks. 3 . . . .   39 600
5. 8000 tuyaux à grenailles à Mks. 0,40 . . . . .   3 200   690 800
   Pour les cas imprévus et pour la balance 87 120

   Somme   1 100 000

Puisque l'armement de l'ouvrage est de 14 pièces, le prix de
revient par pièce est de 1 100 000, soit : Mks. 79 000
14
La moyenne pour les deux types de petits forts est donc en
chiffres ronds Mks. 68 000 par pièce.
Le prix plus élevé pour le type de la planche XXI provient de
l'installation d'affûts cuirassés pour 4 canon de 15 cm
fretté.

4. Ouvrage cuirassé d'après le type de la planche XXII.

Mks.

Titre I. Terrassements.

1. Gros œuvre et cubes de terrassements à Mks. 1 . . . . (as item)

Titre II. Casemates en voûtes à arceaux.

1. Locaux pour troupes, 6600 m carrés à Mks. 110   Mks. 726 000
2. Magasins à munitions et autres, 6600 m carrés
   à Mks. 80 . . . . „ 478 000
3. Communications, 1450 m carrés à Mks. 45 . . . „ 65 250   1 270 250

Titre III. Maçonneries.

1. Substructions et revêtements, 11 200 m cubes
   à Mks. 30 . . . . Mks. 336 000
2. Maçonneries en moellons de granit, 2680 m cubes
   à Mks. 150 . . . . „ 402 000
3. Maçonneries en pierres sèches, 1300 m cubes
   à Mks. 15 . . . . „ 19 500   757 500

Titre IV. Cuirassements et autres constructions
en fer.

1. Observatoire central . . . . Mks. 30 000
2. 24 canons-revolvers de 37 mm à Mks. 17 000   „ 408 000
3. 24 affûts cuirassés pour mortiers de 21 cm
   à Mks. 45 000 . . . . „ 1 080 000
4. 12 affûts cuirassés pour canons de 15 cm frettés
   à Mks. 75 000 . . . . „ 900 000
5. 4500 m carrés de spirales pour réseaux en fil
   de fer, à Mks. 3 . . . . „ 13 500
6. 1440 m courants de grille double, à Mks. 80 . „ 115 200
7. 32 000 kg de tuyaux à grenades à Mks. 0,40 . „ 12 800   2 559 500
   Pour les cas imprévus et pour la balance 303 750

Somme   5 500 000

Puisque l'armement de l'ouvrage est de 84 pièces, le prix de
revient par pièce est de 5 500 000, soit Mks. 65 000
84

5. Ouvrage cuirassé d'après le type de la planche XXIII.

Nous devons faire précéder de quelques observations générales le devis approximatif de cet ouvrage:

Nous avons déjà fait pressentir que l'introduction des obus-torpédos allait exercer son influence sur les frais de construction des forts et des fortifications en général. Cet asservissement de frais résulte de l'obligation de mettre des remblais en terre beaucoup plus considérables devant les locaux casematés et, quand ces remblais ne sont pas possibles, de l'application de certains moyens de protection afin d'isoler la construction elle-même du foyer de l'explosion. Puis d'autres constructions deviennent nécessaires: il faut étendre dans certains cas aux revêtements les garanties spéciales contre les obus-torpilles, car il dépend de la nature du sol du fond du fossé aux environs du pied du mur de revêtement, si ces obus peuvent produire des entonnoirs et des ébranlements suffisants pour faire brèche. Il y a ensuite lieu de tenir compte qu'avec les dimensions ordinaires du fossé, le mortier rayé peut donner à 3500 m au moins 50% de coups réussis. Un nouveau danger se présente encore: l'attaque, en démolissant les caponnières aux angles d'épaule, fera brèche en même temps aux deux escarpes. Pour parer à ce danger, on pourrait être obligé à faire les mêmes dépenses qu'aux casemates. Donnons cependant le prix de 75000 Mks. par pièce de rempart pour base à notre calcul.

5. Ouvrage cuirassé d'après le type de la planche XXIII.

	Mks.

Titre I. Terrassements.

450000 m cubes de terrassements . . . . à Mks. 1   450000

Titre II. Casemates à voûtes en arceaux.

1.	Locaux pour troupes, 3100 m carrés à Mks. 110	Mks. 341000	
2.	Magasins, 300 m carrés à Mks. 80	„ 44000	
3.	Communications, 1200 m carrés à Mks. 45 . . .	„ 54000	439000

Titre III. Maçonneries en général, substructions et revêtements.

14 200 m cubes à Mks. 30   430000

Titre IV. Cuirassements et autres constructions en fer.

1.	3 affûts cuirassés pour canons de 15 cm frettés à Mks. 75000	„ 225000
2.	18 affûts cuirassés pour canons courts de 15 cm à Mks. 40000	„ 720000
3.	18 affûts cuirassés pour canons-revolvers de 53 m m à Mks. 28000	„ 504000
4.	18 affûts cuirassés pour canons-revolvers de 37 mm à Mks. 17000	„ 306000
5.	18 observatoires cuirassés, Mks. 1000	„ 18000
6.	10000 m courants de haies en fil de fer à Mks. 3,5	„ 35000
		1 808 000
	en chiffres ronds	1 800000
	Pour les cas imprévus et pour la balance	377000
	Somme	3 500 000

L'ouvrage est armé de 57 pièces, ce qui fait par pièce 3 500000, soit . . . . Mks. 62000

57

En établissant la moyenne pour les cinq types, le prix de revient par pièce est de 68.000 Mks., de façon que, si on voulait allouer aux forts cuirassés le même prix de 75.000 Mks. par pièce qu'exige la fortification à rempart découvert, il resterait un excédent considérable qui permettrait de renforcer les positions fortifiées en vue des progrès continus de l'artillerie et aussi de tenir compte des fluctuations que peut subir le prix du fer.

Ce résultat favorable, provient de l'intervention des **moyens de défense actifs** pour se mettre à l'abri d'une attaque de vive force, ainsi que du raccourcissement des lignes de feu et des fossés, finalement de l'application des voûtes en arceaux, qui sont de 40°/₀ meilleur marché que les anciennes casemates. On arrive donc à un système de fortification établi d'après des principes tactiques rationnels, qui, comparé au système en usage jusqu'à ce jour, fournit une meilleure défense sans exiger plus de frais.

Conclusions.

La question des cuirassements n'est que la continuation de celle des casemates, qui a exercé son influence à toutes les époques de la fortification. Seulement, jusqu'à ce jour, une solution complète du problème n'a pas été possible à cause de l'imperfection des matériaux de construction dont on disposait; l'action et le couvert restaient toujours dans un rapport inverse.

Les cuirassements changent complètement le sens de ce rapport.

En les appliquant, on répond complètement au principe fondamental de la fortification: „Ménager les forces de la défense."

Pour balancer les avantages inhérents à l'offensive, il faut créer en temps de paix certains équivalents au profit de la défense. Vouloir les créer au moment du danger, par des travaux pareils à ceux de l'attaque, c'est altérer la mission de la garnison et transformer une troupe de combattants en une troupe de terrassiers.

La défense pourra à l'avenir remplir sa mission, grâce à la protection que donnent les cuirassements, dans de meilleurs conditions physiques que celles où se trouvera l'attaque, et cela doit être ainsi, car la défense est limitée dans ses ressources.

Les armes défensives sont de la plus haute importance dans la guerre de siége. La tactique de cette guerre devra donc changer quand on remplacera la défense à ciel ouvert par celle exécutée au moyen des cuirasses:

Les pièces cuirassées peuvent faire feu dans toutes les directions; l'ingénieur a donc une plus grande latitude dans le tracé des lignes, de plus il est indépendant de toutes les considérations de défilement, tant horizontal que vertical. Notre système de fortification s'adapte donc mieux aux formes du terrain et répond plus complètement aux exigences tactiques des différentes armes.

Le développement de la ligne de feu est considérablement amoindri, de façon qu'on compense en grande partie le supplément de dépenses qu'exigent les cuirassements.

La garnison peut être moins nombreuse; il en résulte une grande économie dans la construction des locaux couverts.

Les défenses passives pour se mettre à l'abri d'une attaque de vive force peuvent être réduites, puisque la cuirasse permet de continuer le feu jusqu'au moment décisif.

L'appui réciproque des ouvrages est arrivé à son plein développement. On peut donc admettre de petits forts, on peut en même temps réduire les intervalles et accroître ainsi considérablement la force de résistance contre les attaques de vive force.

L'indépendance dans la direction du feu des pièces procure aux forts de ceinture une action renforcée vers l'intérieur de la position et, par conséquent, la réduction des dépenses pour la constitution d'une position centrale, et permet même la suppression complète d'une telle position fortifiée et permanente. Pour le même motif, on peut construire des forteresses de moindre développement parfaitement capables d'une bonne résistance, de même que des groupes d'ouvrages et des forts isolés.

En destinant au feu indirect les bouches à feu cuirassées de gros calibre, on s'assure une supériorité durable dans la lutte d'artillerie, car les cuirasses ne peuvent pas être contrebattues directement et sont par conséquent indestructibles.

Les coupoles exécutées d'après le principe des affûts cuirassés sont à un prix tel que, en y joignant la réduction admissible des moyens de défense passive et la diminution dans la longueur de la ligne de feu, on peut installer avec les mêmes dépenses un nombre égal de pièces sous cuirasse qu'à ciel ouvert.

Le tir indirect et le tir plongeant ne sont pas seulement admissibles pour les pièces cuirassées, mais ils doivent encore être recommandés tout particulièrement.

L'inconvénient du tir indirect, d'être plus difficile et surtout plus lent que le feu direct, est ici sans importance, car, avec un emploi judicieux des pièces cuirassées, on n'aura jamais une situation telle que les succès de l'un ou de l'autre des combattants dépende d'une question de minutes. Par contre, les affûts cuirassés permettent un pointage indirect extrêmement précis.

Le feu plongeant, avec ses progrès actuels, rend la défense par le rempart découvert impossible, tandis que, sur des cuirassements, ce feu est à peu près inoffensif. Ajoutons qu'on ne peut s'imaginer comment l'attaque pourrait se créer des couverts pour résister au tir plongeant.

Ce sont les pièces cuirassées qui jouiront à l'avenir des avantages de l'initiative qu'on avait attribuée jusqu'alors à l'attaque. Elles sont garanties du tir à grande distance et, par contre, elles peuvent ouvrir leur feu de loin et dès qu'elles sont assurées de l'effet destructeur de leurs gros projectiles. Pendant qu'elles concentrent sur elles toutes les forces de l'assiégeant, il sera loisible d'établir des pièces de petit calibre dans les positions intermédiaires.

Les ouvrages fortifiés permanents pourront de nouveau remplir leur tâche de position principale d'artillerie et l'installation de positions intermédiaires absorbera seulement les forces que la garnison pourra avoir en excès.

Les avantages tactiques de la fortification cuirassée ne se montrent dans toute leur valeur que quand elle est appliquée sans restriction. Si l'on veut combiner la cuirasse avec la défense à ciel ouvert, ses avantages s'amoindrissent.

Les affûts cuirassés, comme bases de l'armement d'une forteresse, n'exigent pas de dépenses plus considérables que l'installation de l'artillerie sur le rempart découvert. Ils ne sont chers que si l'on veut les employer uniquement comme une augmentation des appareils de l'artillerie.

ANNEXE.

I.

Expériences de Cummersdorf.

(Planche II -IV.)

A. Considérations préliminaires.

En 1866, à Mayence, nous avons prouvé par des expériences concluantes le fonctionnement régulier de l'affût cuirassé à embrasure minima, et nous avons ainsi ouvert la voie à l'introduction des cuirassements dans la fortification terrestre.

Les expériences subséquentes exécutées à Tegel, en 1870 71, sur une coupole en fer laminé ainsi que sur les affûts essayés à Mayence ont démontré que les cuirasses rotatives offraient une sécurité suffisante sans exiger des dépenses trop fortes.

La maison H. Gruson s'est ralliée à nos idées et a construit des affûts hydrauliques à embrasure minima et des cuirasses en fonte durcie; elle a donné dans la suite à ces constructions tous les perfectionnements que comportaient les progrès réalisés dans ce genre d'industrie.

Mais on n'était pas encore assez convaincu de la complète insuffisance de la défense à rempart découvert; puis le tir plongeant n'avait pas acquis son importance actuelle.

On a donc cru pouvoir se contenter d'ajouter quelques coupoles isolées d'une façon plus ou moins bien coordonnée au système de défense à ciel ouvert; mais une application plus étendue et plus rationnelle du nouveau moyen de défense rencontrait des obstacles provenant surtout de considérations financières.

Dans nos coupoles expérimentées à Tegel, en 1870--1871, nous avions placé deux pièces à axes parallèles, parce que les dépenses pour la coupole à une ou à deux pièces ne différaient pas de beaucoup. Depuis, nous sommes revenu de cette idée, surtout pour des raisons tactiques. Nous avons donc cherché à installer chaque pièce isolément, et nous y sommes arrivé, sans augmenter les frais. Nous avons imaginé un mécanisme qui permet de réduire considérablement les dimensions des coupoles, puis nous avons introduit certaines simplifications dans l'ensemble de la construction. Ces résultats ont été obtenus en interceptant le recul, puis en diminuant fortement le poids de la construction par la substitution d'un cuirassement incliné à l'ancienne cuirasse en fonte durcie et à la plaque en fer laminé verticale.

Cette dernière idée nous est venue aux expériences de Tegel, en 1870, où nous avons pu constater le peu d'effet produit par les projectiles frappant une plaque sous un angle d'arrivée d'environ 27°. En inclinant donc suffisamment la cuirasse, nous avons pu lui donner des dimensions assez faibles pour que même la forme sphérique, la plus rationnelle d'ailleurs, ne rencontrât plus de difficultés techniques insurmontables.

Les données que nous allons faire suivre montreront dans quelle forte proportion la résistance des plaques croit avec leur inclinaison:

De nombreuses expériences ont permis d'établir que, pour trouver la force vive nécessaire pour percer une plaque en la frappant sous l'angle d'arrivée α, il fallait multiplier la force vive sous l'angle d'arrivée de 90° par le facteur $\frac{1}{\sin^2 \alpha}$. (Voir table de tir des canons rayés, „allgemeine Schusstafeln für gezogene Geschütze", page 235).

Le facteur $\frac{1}{\sin^2 \alpha}$ est de

$$
\begin{aligned}
1{,}07 &\quad \text{pour } \alpha = 80° \\
1{,}13 &\quad \text{ - - } = 70° \\
1{,}33 &\quad \text{ - - } = 60° \\
1{,}70 &\quad \text{ - - } = 50° \\
2{,}00 &\quad \text{ - - } = 45° \\
3{,}04 &\quad \text{ - - } = 35° \\
4{,}00 &\quad \text{ - - } = 30° \\
5{,}52 &\quad \text{ - - } = 25°
\end{aligned}
$$

Si donc une plaque atteinte sous l'angle de 90° est percée avec une force vive donnée, sous l'angle de 35° il faudra une force vive 3,04 plus grande; sous l'angle de 25° ce facteur est même de 5,52.

Pour le calcul de l'épaisseur des plaques, la maison **Krupp** a adopté la formule

$$
L = \frac{S^3}{10} \cdot \frac{S}{2r}
$$

dans laquelle L est la force vive par cm² de section du projectile, S l'épaisseur de la plaque et 2r le calibre de la pièce en cm.

Or, le canon de 15 cm en acier fretté, de 25 calibres de longueur, à 1000 m de distance, a une force vive de 222 mt. (Voir tables de tir des bouches à feu rayées, page 179). D'où $L = 1,03$; donc, sous l'angle d'arrivée de 90°, il faudra une épaisseur de plaque de $S = 13,5$ cm.

Pour percer la même plaque sous un angle d'arrivée de 35°, il faudra une force vive de $L = 3,04 \times 1,3$ mt $= 3,95$ mt. En d'autres termes, la plaque inclinée sous 35° a une force résistante 3,04 fois plus grande que la plaque placée normalement à la direction du tir.

La force vive par cm² de section du projectile est de $\frac{1,3}{3,04}$ 0,427 mt; la formule donne donc, pour une plaque inclinée sous 35°, une épaisseur $S = 5,8$ cm.

En admettant que ces chiffres ne soient pas absolument exacts, on peut cependant dire qu'ils s'approchent suffisamment de la réalité, et des épreuves récentes, sur des plaques inclinées, surtout les expériences de Cummersdorf sur l'affût cuirassé pour le 15 cm, ont permis de vérifier d'une façon concluante les résultats donnés par le calcul.

Ces expériences tendraient même à prouver que la force de résistance des plaques inclinées ne croît pas seulement en raison du carré de $\sin \alpha$, mais en raison d'une moyenne entre $\sin^2\alpha$ et $\sin^4\alpha$.

Naturellement, la plaque inclinée doit être soutenue de telle sorte qu'une bosselure ne puisse pas se produire.

Pour compenser l'infériorité d'une cuirasse à lamelles superposées comparée à une plaque massive, on a admis aux expériences de Cummersdorf, au lieu d'une épaisseur de 16 cm, celle de 18 cm, en y ajoutant en plus un matelas très-fort.

Les planches II—IV représentent la construction exécutée d'après ces données et soumises aux épreuves.

Nous soumettons à nos lecteurs un extrait du procès-verbal de la commission d'expériences, en faisant observer que le ministère de la guerre prussien n'a pas permis la publication de ce document au complet.

B. Construction soumise aux expériences. *

La construction soumise aux expériences a été érigée sur une élévation de terrain, à environ 920 m en avant de la batterie principale. La disposition générale est représentée planche II, les planches III et IV donnent les détails de construction de l'affût cuirassé. Ce dernier présentait l'aspect d'une coupole à voûte surbaissée, dont le point culminant ne dépassait que de 37 cm la crête du parapet avant son déblaiement partiel, et de 79 cm le bord de l'avant-cuirasse. La bouche du canon dépassait l'embrasure de 35 cm. Les substructions se composaient d'un mur circulaire entourant une surface de 5 m de diamètre. Deux niches dans la maçonnerie servaient de magasins à projectiles et pouvaient au besoin recevoir la consommation journalière d'une pièce. La coupole avait une hauteur de 2,10 m dans oeuvre. Les conditions d'espace intérieur étaient favorables, puisqu'il restait, pour la circulation, des voies latérales de 2 m de largeur, et transversales de 1,40 m.** La fondation de la construction était en briques.

La calotte de la coupole en fer laminé avait un rayon extérieur de 4,58 m. En ne considérant pas les angles de chute pour les distances du tir à démonter, qui d'ailleurs sont petits, l'angle d'arrivée à l'endroit le plus défavorable, c'est à dire au bord inférieur de la cuirasse, n'était que de 35°, en diminuant progressivement vers le haut. Conformément à ces données, la cuirasse avait au bas une épaisseur de 18 cm; vers le haut, à partir de la ligne où les angles d'arrivée ne pouvaient plus être que de 25°, l'épaisseur était de 10 cm seulement. La cuirasse se composait de lamelles, soit de 5, soit de 4 cm d'épaisseur, boulonnées les unes sur les autres et ces lamelles étaient elles-mêmes formées de plaques assemblées plein sur joint.

La coupole portait sur une cheville-pivot avec vis. L'écrou de cette vis se trouvait engagé dans une pièce de fondation en fonte, boulonnée à une couche de bois qui elle même reposait sur les fondations en briques. Cette vis permettait de relever toute la coupole dans le cas où celle-ci se calait. Le pas de la vis était de 2 cm. On pouvait la faire tourner au moyen d'une forte clef à écrou.

---

* Extrait d'un compte-rendu en date du 8 novembre 1882 sur les expériences de tir exécutées à Cummersdorf, du 27 mai au 14 juillet 1882, avec l'affût cuirassé pour canon de 15 cm fretté, système Schumann.

** Dans les coupoles en fonte durcie pour le canon de 15 cm, il y a une galerie circulaire continue de 1,2 m. Cependant les conditions d'espace intérieur sont moins favorables sur la plateforme intérieure de la coupole.

La calotte cuirassée était réunie au cadre en acier qui renfermait la crapaudine (a)*, au moyen de deux cloisons en tôle (b) de 2,2 cm d'épaisseur, renforcées par des cornières et réunies par une traverse. Les contre-forts (c) interceptant le recul contribuaient aussi à assurer la solidité du système. La pièce se mouvait entre les cloisons, les véritables flasques de l'affût. Des marche-pieds y étaient disposés pour le service.

A hauteur du bord inférieur de la coupole, on avait adapté un système de deux cloisons de renfort longitudinales (d) et de 10 transversales (e) avec consoles (f), qui à leur angle inférieur servaient d'appui à des tôles voûtées. Les cassettes ainsi formées, dans lesquelles on avait ménagé une communication vers le trou d'homme et, pour l'équilibre, un creux correspondant, étaient remplies de béton de ciment, afin d'augmenter par le poids la force d'inertie à opposer au choc des projectiles. Pour équilibrer le système après l'installation de la pièce, on coula du plomb dans les cassettes. — Par cette disposition, on a donné une base solide à la calotte, en même temps qu'on empêchait les boulons détachés par le choc de pouvoir être projetés dans la coupole. — Pour soutenir la coupole en équilibre sur le pivot, on avait adapté quatre galets qui portaient, dans un premier projet, directement sur un rail circulaire en fonte. Dans la suite, la commission spéciale, pour mieux assurer cette partie importante du mécanisme, intercala entre les galets et le rail des tampons (g) avec disques en caoutchouc, puis elle transforma les galets en roulettes. Ces transformations ne touchaient pas aux principes de la construction et furent adoptées.

La pièce, un canon de 15 cm, avait été serrée dans un manchon à tourillons placé à 40 cm de la bouche. Les tourillons portaient dans des encastrements en bronze boulonnés à l'intérieur de la coupole (fig. 3, planche IV). Le centre de rotation de la pièce se trouvait par ce fait dans l'embrasure minima. Pour le reste, la pièce était suspendue entre les flasques au moyen de deux fortes chaînes articulées (h) passant sur deux poulies (i) de 30 cm de diamètre. Ces chaînes étaient fixées d'un côté à un étrier de support (k) entourant la pièce, de l'autre côté à un contre poids (l), calculé de façon à laisser à la pièce une légère prépondérance ascensionnelle. Pour empêcher l'usure prématurée des chaînes articulées, on avait prévu les disques en caoutchuc (m). Comme appareil à pointage vertical il y avait un treuil à vis sans fin enroulant une chaîne (n) fixée à

---

* Les lettres entre parenthèses se rapportent aux croquis des planches II et III.

l'étrier de support. Pendant le chargement et le tir, la pièce était serrée sur les contre-forts servant à intercepter le recul au moyen d'une vis d'enrayage (o) percée au calibre, de façon à permettre l'introduction de la charge dans le canon.

Les coulisses servant de contre-forts étaient en acier et avaient une largeur de 10 cm et une épaisseur de 38 cm à leur partie la plus faible. Leur écartement était de 16 cm, ce qui permettait le chargement du canon dans toutes les positions d'élévation, depuis 10° jusqu'à 25°; les coulisses étaient fixées en haut contre la cuirasse et en bas contre le châssis du pivot.

La plus grande élévation était de 25°, la plus grande dépression de $2\frac{9}{16}°$, au lieu de 5° comme cela avait été projeté. Il ne fut pas possible de donner cette dernière dépression parce que les joues de l'embrasure n'avaient pas été fixées en conséquence.

La meilleure inclinaison pour le chargement fut déterminée à $14\frac{9}{16}°$.

On pouvait mesurer l'inclinaison, soit au moyen d'un quart de cercle, soit sur une graduation marquée sur la coulisse de gauche.

Le pointage en direction était donné par la rotation de la coupole. Celle-ci était provoquée par l'action de quatre leviers dentés (p) — deux pour le mouvement dans chaque sens — et engrenant sur une couronne dentée fixée au rail circulaire (voir les parties en rouge des croquis planches III et IV).

Ce mécanisme, donnant un pointage très exact, rendait inutile l'usage d'un micromètre, prévu par disposition ministérielle du 22. Sept. 1880, No. 291. 9. 80. Ing. La visée en direction pouvait se faire de quatre manières:

a) par visière et guidon
  1. dans une direction parallèle à l'axe du canon, en visant par le trou d'homme accessible au moyen d'une échelle partant du marche-pied de gauche;
  2. par le trou d'homme dans une direction perpendiculaire à la précédente;
  3. à couvert, par une fente pratiquée dans la cuirasse à hauteur du trou d'homme, dans une direction opposée à celle du No. 1;
      les No. 2 et 3 devaient servir pour le cas où la bouche à feu ne serait pas tournée vers l'ennemi;
b) indirectement, en plaçant la coupole d'après une graduation marquée sur le rail circulaire.

Pour le remplacement d'un canon endommagé, on avait adapté un treuil (q) au châssis du pivot. Voici comment il fallait procéder:

neutraliser le contre-poids, enlever la vis d'enrayage et la chaîne de pointage; attacher le canon à la chaîne du treuil passant sur une poulie (r) et s'agraffant à une anse du manchon à tourillons; enlever les chaînes de suspension, soulever la pièce de façon à dégager les tourillons et la laisser glisser sur un cadre en bois en passant par une ouverture ménagée dans la cloison-traverse antérieure. — Pour introduire la pièce de rechange, on n'avait qu'à intervertir l'ordre de ces opérations.

L'avant-cuirasse en fer laminé se composait de deux parties séparées; une cuirasse pour empêcher la pénétration de projectiles écrétant le parapet, une seconde pour empêcher la destruction systématique en s'attaquant au rempart. — La première se composait d'abord d'une plaque de 40 cm de hauteur et 20 cm d'épaisseur dans sa partie exposée au tir, sur un développement de 120⁰*; puis venaient deux plaques plus courtes, de 12,5 cm d'épaisseur, couvrant jusqu'à 240⁰. Il n'y avait pas de cuirasse à la gorge. — Pour empêcher la pénétration d'éclats de projectiles entre l'avant-cuirasse et la coupole, il y avait une traverse circulaire en fer doublée de madriers en bois de sapin (ce dispositif est tracé en rouge sur le croquis planches III et IV). Un mur en granit de 75 cm d'épaisseur couvrait la cuirasse sur un développement de 90⁰, jugé suffisant pour les expériences.

La deuxième partie de l'avant-cuirasse se composait de deux plaques planes de 12,5 cm d'épaisseur et de 1 m de hauteur, disposées suivant les côtés d'un polygone. Ces plaques étaient précédées d'une couche de béton de 1 m d'épaisseur. — Le parapet de coupole avait 9 m d'épaisseur et une hauteur telle, qu'à la distance de 1000 m on pouvait encore pointer directement de la coupole, tout en ayant la bouche de la pièce défilée des vues.

La poterne de communication était construite en poutres en **I**, aussi bien à cause du bon marché que pour éprouver le degré de résistance de ce genre de galerie.

La commission spéciale.

---

* Ces dimensions sont à déterminer pour chaque cas spécial.

C. Marche des expériences de tir.

Les expériences avaient d'abord pour but de déterminer la manière dont le canon de 15 cm fretté, placé dans l'affût cuirassé, se comporterait quant au service de la pièce et quant à la précision du tir, et comment les différentes parties de la construction ainsi que son ensemble supporteraient les effets du recul.

Les conditions de service et d'espace intérieur se trouvaient être plus favorables que dans les coupoles de construction antérieure, les dispositifs pour annihiler le recul répondaient complètement à leur but et la précision du tir, même avec les moyens de visée indirecte, ne laissait rien à désirer.

Pour constater ces faits, on a tiré avec l'affût cuirassé 100 coups sous les angles d'élévation de 3 $^{13}/_{16}$° et de 12 $^5/_{16}$°.

On a soumis ensuite la construction elle-même à un tir dirigé exclusivement contre la cuirasse; la commission a jugé inutile de soumettre aux épreuves le parapet de la coupole, parce que, pour y produire un effet quelconque, il aurait fallu employer des moyens tout à fait extraordinaires; elle a donc conclu qu'il y avait lieu d'écarter du programme le paragraphe relatif à ce sujet.

On a tiré d'abord 18 obus longs de 15 cm, dont un grand nombre ont porté au même point, sans produire sur la cuirasse d'autre effet que quelques traces de projectiles.

Le tir a ensuite continué avec des obus en fonte durcie arrivant sous un angle de 30°; quatre de ces projectiles ont frappé au même point, le cinquième a touché en partie le point d'impact des coups précédents.

On a trouvé que la première couche de la plaque avait été rompue et que la couche suivante présentait des éraflures considérables, mais l'effet ne s'était pas propagé vers l'intérieur. Les trois coups suivants ont été tirés sur une partie intacte de la cuirasse et il s'est présenté cette particularité qu'un des projectiles a atteint la plaque sous l'angle défavorable de 35°, sans produire autre chose qu'une gouttière peu profonde. Un projectile frappant au dessus de ce point d'impact a donné des éraflures plus ou moins fortes, dont les pénétrations allaient au maximum à 3,5 cm. Les différences dans les profondeurs de ces éraflures provenaient des cassures des projectiles, variant d'un coup à l'autre et donnant parfois des éclats en forme de ciseau.

Nous croyons a ce propos pouvoir formuler l'avis que les projectiles en fonte durcie sont, à cause de leurs éclats, plus dangereux que les obus en acier qui ont une tendance à ricocher sans se briser. Mais, cependant, des expériences concluantes pourraient seules donner une conviction à ce sujet.

On a tiré ensuite **8 obus en fonte durcie du calibre de 17 cm**, qui ont une force vive à peu près double de ceux de 15 cm.

L'effet de ce tir n'a pas été aussi différent de celui des obus de 15 cm que la différence de force vive l'aurait fait supposer.

Quand les projectiles ont frappé le bord inférieur de la coupole, celle-ci s'est montrée décidément trop faible en face de ce calibre.

L'avant-cuirasse ne couvrait pas assez, de façon que le bord étagé était immédiatement exposé aux coups. Aussi des fragments de 25 cm dans leur plus grande dimension ont été détachés de la couche supérieure; un coup d'embrasure a même entamé la deuxième couche de telle façon qu'un coup ultérieur de mortier en a pu détacher un fragment.

Avant les expériences, on a mis en doute que l'équilibre de l'affût cuirassé sût se maintenir sous le choc de coups isolés; les doutes étaient encore bien plus prononcés quant à la possibilité de résistance contre un feu de salve.

On a tiré les salves avec **quatre canons de 15 cm frettés**, à 1000 m de distance, en mettant le feu par l'électricité.

Les projectiles étaient des **obus en fonte durcie**.

Malgré un tir de **11 salves**, on n'a pu obtenir 4 coups simultanés et arrivant sous des angles tels qu'il dût se produire un choc maximum contre la coupole. Les coups ont porté souvent trop haut, là où leur effet ne pouvait être que très-faible. Au-dessus de 25° l'action des obus était insignifiante.

On a donc placé la batterie à 300 m de la coupole et on a obtenu alors **2 salves irréprochables**, mais sans produire d'effet sur l'ensemble du système.

On a passé ensuite au tir à mortier, dont il fallait limiter la portée à 1000 m, distance trop petite cependant pour produire un effet bien considérable.

Cependant on a tiré avec le mortier de 21 cm sous 65° d'élévation, **17 obus** du poids moyen de 80 kg, et on a obtenu **quatre atteintes irréprochables**. Il a été difficile d'en trouver trace sur la coupole, même quand le projectile avait frappé normalement à la cuirasse. A peine pouvait on distinguer au point d'impact une petite surface lissée. L'ensemble de la construction restait complètement intact.

Le mécanisme de rotation de la coupole n'avait subi aucune altération, une révolution complète pouvait être effectuée en 36″.

On a continué les expériences en **tirant de la coupole cinquante coups** sous une élévation de 24 1/16°, les derniers 25 coups en accélérant le feu et en se servant du dispositif pour visées indirectes.

On a obtenu un coup en un espace de temps un peu moindre qu'une minute. Le groupement était **très bon**.

La commission nous a communiqué son appréciation dans le document suivant, qui nous dispense de faire la critique de notre propre système.

Berlin, le 11 juillet 1882.

A
Monsieur le major e. r. Schumann, chevalier.

La commission a l'honneur de vous communiquer le procès-verbal des expériences faites avec votre affût cuirassé pour canon de 15 cm fretté; ce procès-verbal a été approuvé par les membres de la commission et nous vous prions de nous le retourner, après en avoir pris connaissance.

Vous verrez d'après la teneur des conclusions que **la commission est d'avis que le principe de votre affût cuirassé a fait ses preuves d'une façon absolue.** Les imperfections que nous avons à signaler ne concernent que des points de détail et il sera facile d'y remédier.

Ce sont particulièrement les points suivants qui exigeraient une amélioration:

1. La constitution de la calotte en plusieurs lamelles. — Il serait à désirer que la coupole se composât d'une plaque, qu'on évitât la disposition en retraite successive des lamelles vers le bord inférieur et qu'on renforçât la cuirasse ou bien qu'on adoptât le métal Compound, en vue d'avoir une résistance suffisante contre le canon de 17 cm fretté. — Il serait également à désirer qu'on pût donner une courbure plus faible à la partie inférieure de la calotte, celle admise pour la coupole d'expériences étant trop forte. — Ensuite il y aurait lieu de rechercher les moyens d'abaisser davantage la calotte sous l'avant-cuirasse, ou bien de disposer des pare-éclats efficaces,

attendu que le doublage en bois sur la couronne en tôle de l'avant-cuirasse n'a pas répondu à sa destination.

2. Les tampons comme guides des galets ou des roulettes. — S'il faut conserver ce dispositif, il y a lieu de renforcer considérablement les tampons. Mais comme les expériences ont prouvé que les réserves formulées contre une position plus élevée du rail circulaire, avec des galets roulant d'une façon indépendante entre ce rail et la cuirasse, ne sont pas aussi bien motivées que la commission spéciale l'avait admis; comme d'ailleurs, si ce dispositif présente des inconvénients, ils disparaîtront quand la calotte sera abaissée sous l'avant-cuirasse (d'après la proposition 1), la commission juge qu'on peut revenir au premier projet. Elle préconise même cette manière de faire, car les tampons exigent des boulons dont les écrous sont apparents à l'intérieur de la coupole, et les expériences nous portent à formuler en principe qu'il y a lieu d'écarter d'une façon absolue dans la construction définitive de l'affût cuirassé les boulons, leurs éclats mettant les servants en danger.

3. L'usage des leviers dentés pour donner la rotation à la coupole. — Le dispositif introduit provisoirement mérite d'être adopté définitivement, il est simple et solide.

4. La mise en équilibre de la calotte par le remplissage des cassettes par du béton. — La chute de débris de béton dans l'intérieur de la coupole a été très-gênante et elle se produira toujours dans le cas d'un bombardement ayant une certaine durée. Il y a donc lieu de chercher à écarter cet inconvénient. Si on augmente le poids de la coupole d'après la proposition 1, il sera peut-être possible, sans augmenter les frais outre mesure, de mettre la coupole en équilibre en coulant dans les cassettes un **métal**, par exemple du plomb.

5. L'emplacement du trou d'homme. — La commission est revenue également de son opinion concernant la situation du trou d'homme; elle adopte, comme offrant plus de sécurité, la position de cette ouverture dans la médiane de la coupole.

6. Les autres objections concernent des points de moindre importance; ce sont:

　　a. une meilleure disposition du treuil pour le remplacement de la pièce, de façon à le faire servir en même temps d'appareil de pointage.

b. La confection de la caisse de contre-poids en fer forgé au lieu de fonte.

c. Un dispositif qui assure la stabilité du canon.

d. Faire la construction en prévision d'une inclinaison minima de 1° comme suffisante dans la pratique; si une situation exceptionnelle exigeait une inclinaison plus faible, il y aurait lieu de recourir à une construction spéciale.

La commission.

II.

Détails de Construction des affûts cuirassés pour canons de gros calibre et pour obusiers.

A. Dispositif pour intercepter le recul.

La suppression du recul à l'intérieur de la coupole a produit une simplification considérable de l'installation de l'artillerie. Mais, avant d'introduire cette innovation, il fallait s'assurer qu'elle n'entraînât pas d'inconvénients pour le canon lui-même.

Il semble que théoriquement il doit toujours être possible d'arrêter le recul, si on donne à la partie qui doit recevoir le choc une solidité suffisante; de même qu'on tient compte des effets d'expansion des gaz de la poudre, différents en chaque point de la longueur du canon.

La question peut être tout au plus de savoir si les canons employés jusqu'à ce jour et construits en tenant compte du recul peuvent supporter sans inconvénients la suppression de ce mouvement. C'est la construction du canon et la façon dont le recul est intercepté qu'il faut considérer.

Quand le canon est fait d'une masse homogène, comme c'est le cas pour les canons en acier et en bronze, et quand les parties de la construction qui doivent supporter le recul sont assez fortes pour que les pressions ne dépassent pas la limite d'élasticité du métal, il n'y a aucun motif pour que le canon se détériore plus tôt quand il est enrayé que quand il peut reculer librement.

Déjà en 1862 Cavalli, dans ses „Aperçus sur les canons rayés", proposa la suppression du recul, en le faisant porter sur un obstacle élastique en bois.

Krupp a arrêté **absolument** le recul de son canon-cuirasse en emboîtant la tête dans une articulation sphérique. Il a mis ainsi le canon dans les conditions les moins avantageuses pour résister au déculassement. Quoique la pièce se composât d'un noyau avec frettes superposées, elle a déjà supporté 450 coups, et Krupp est convaincu du bon usage de sa construction.

Le recul se trouve arrêté **absolument** pour le canon-pivot, une autre invention de Krupp. Tout l'effort se porte sur les tourillons, auxquels on a donné, il est vrai, un diamètre égal à deux calibres. Ce canon a trop peu servi encore pour qu'il soit possible de formuler un jugement exact sur sa valeur.

Dans notre combinaison, il y a plutôt un soutien qu'un affaiblissement de la construction, car le canon est appuyé et par là le déculassement est rendu plus difficile.

Il n'y a pas d'arrêt absolu de la pièce, comme dans les combinaisons de Krupp; le canon **a un recul** et même un recul correspondant au poids considérable de l'affût augmenté de son cuirassement.

La cuirasse peut exécuter autour du pivot un mouvement d'oscillation, lequel est limité ensuite par les tampons.

Aussi bien avant qu'après les expériences de Cummersdorf, des hommes d'une grande notoriété dans le domaine de la balistique, entre autres feu le lieutenant-général Neumann et les gens compétents qui ont été initiés à nos expériences n'ont jamais soulevé le moindre doute sur la portée pratique de notre invention: tous sont convaincus que l'effet exercé sur la pièce est le même que si elle portait sur un affût ordinaire.

Dans les expériences de Cummersdorf, les groupements étaient tout-à-fait conformes aux tables de tir; il ne s'est donc produit aucun accroissement de vitesse, et par suite aucune augmentation de force vive.

Pour les projets qui vont suivre nous avons remplacé le système d'enrayage de Cummersdorf par une combinaison qui intercepte le recul sur les tourillons et, comme les tourillons pourraient être trop faibles, nous avons introduit un système qui fait supporter l'effort par les embases des tourillons, qui sont toujours assez fortes.

Si on applique un système d'enrayage à un canon composé d'un noyau et de frettes qui ne tiennent que par friction, un relâchement du frettage est possible. Il peut aussi se présenter un déchaussement en arrière de la frette des tourillons, comme cela a eu déjà lieu, même avec un enrayage partiel.

Pour des canons de cette espèce, la fabrique de Gruson a exécuté une construction spéciale, où la culasse porte sur le contre-appui, de façon que le noyau central seul subit tout l'effort. Ces constructions s'appliquent le mieux au canon avec appareil de fermeture à vis. On a eu soin en outre de donner une certaine élasticité au contre-appui.

Il serait regrettable, pour les canons placés dans des constructions cuirassées où l'on a de **grands poids** à sa disposition, de se priver des avantages que présente l'arrêt du recul. Ce ne serait justifiable ni théoriquement ni pratiquement.

Les planches de notre atlas permettent de se rendre compte des particularités de nos projets. Nous faisons remarquer que, abstraction faite de l'économie d'argent réalisée, notre système a donné une grande simplicité à l'installation de l'artillerie sous des cuirasses à embrasures minima.

Depuis qu'il existe une artillerie, la question du recul a donné bien des déboires; la cause en est à la double tâche imposée à l'affût, de devoir servir à la fois au tir et au transport.

La pièce étant installée à demeure, on peut sans inconvénient intercepter ou arrêter le recul, ce qui nous amène à proposer tout un système nouveau: les affûts cuirassés, dont nous allons faire suivre la description.

B. Affût cuirassé pour canon de 15 cm fretté.

(Planche V.)

La construction de l'affût cuirassé renseigné planche V se rattache aux expériences de Cummersdorf, exécutées pendant l'été de 1882, en ce sens qu'on a paré aux inconvénients signalés à la suite de ces expériences.

Ce moyen consiste en un système de cuirassement combiné en fonte durcie et fer laminé, chaque métal recevant une destination correspondante à ses qualités spéciales.

La fonte durcie convient surtout pour cuirasses frontales et pour avant-cuirasses, tandis que le fer laminé résiste mieux aux bombes.

Notamment le bord étagé inférieur était trop faible et insuffisamment protégé par l'avant-cuirasse.

Si l'on veut éviter des angles d'arrivée ne dépassant pas 30° pour les trajectoires tendues et abaisser assez le bord de la calotte sous l'avant-cuirasse, on est obligé de donner à la coupole un développement qui en augmente le prix de revient. On a donc recherché un autre moyen pour obvier aux inconvénients signalés.

La fonte durcie, fortement appuyée et d'une épaisseur suffisante, résiste très-bien à des atteintes directes isolées; on a donc employé ce métal pour constituer une cuirasse frontale, dont nous considérons la disposition comme particulièrement avantageuse.

La surface bombée extérieure de cette partie de la construction sur laquelle les projectiles peuvent encore produire un certain effet, est découverte sur une hauteur de 35 cm seulement. Il en résulte que la cuirasse frontale peut à peine encore être considérée comme un but pour le tir en brèche.

Le toit ne doit plus résister qu'au tir plongeant. — Comme l'angle d'arrivée du tir tendu peut tout au plus comporter encore 20°, les projectiles ricochent sans aucun effet.

Pour tenir compte de la puissance récemment renforcée du mortier, on a augmenté de 40 mm l'épaisseur de la calotte, telle qu'on l'avait admise aux expériences de Cummersdorf; cette partie de la coupole se compose actuellement de deux couches de 70 mm d'épaisseur. L'inconvénient de la faiblesse du bord de la coupole construite en lamelles superposées disparaît, en même temps qu'on obtient, en faisant déborder la plaque supérieure, un appui très-efficace pour l'avant-cuirasse en fonte durcie. Cette disposition, ainsi que des accores adaptées à la tôle de support du rail circulaire, garantissent la partie postérieure de l'avant-cuirasse, élargie en queue d'aronde, contre le refoulement vers l'intérieur des fragments qui pourraient être détachés. On obtient en plus la faculté de couler et de transporter l'avant-cuirasse par plaques de moindres dimensions (au nombre de huit dans notre projet).

Le poids des plaques en fonte, ainsi que celui des plaques de la calotte, correspond alors à peu près à celui de la pièce de canon, ce qui en rend le charriage possible, même en pays de montagnes.

Il n'est pas à craindre que la masse des plaques devienne trop faible, car le choc doit se répartir sur toute la construction, à cause de la forte courbure de la couronne, des grandes surfaces de joint et de l'appui solide des pièces entre elles. Nous devons cependant appeler l'attention d'une façon toute spéciale sur le fait que la coulée des plaques ainsi formées peut se faire presque sans tension.

Relevons encore une autre modification de la construction expérimentée à Cummersdorf.

Pour cette dernière, les tôles étaient boulonnées plein sur joint et réunies ainsi en un tout bien assemblé. De cette façon, une partie plus ou moins grande du poids de la construction pouvait se porter sur deux des quatre tampons. La charge totale était donc équilibrée et pouvait pivoter facilement sur la cheville.

Cette disposition était bonne; cependant on a cru plus avantageux de donner pendant le feu une position plus stable à la construction en l'appuyant de toute part: la coupole ne porte sur la cheville-pivot que pendant les courts moments que dure la rotation. — Cette

innovation était d'autant plus nécessaire qu'un système combiné de
fonte durcie et de fer laminé ne présente pas un tout aussi bien
réuni que les plaques boulonnées l'une sur l'autre. On obtient de
plus un appui de la cuirasse frontale sur l'avant-cuirasse, ce qui est
avantageux pour l'une et pour l'autre.

Si un fort appui est une condition indispensable pour les cuirasses
en fonte durcie, il n'y a pas moyen de réaliser complètement cette
condition pour l'avant-cuirasse, parce qu'il faut toujours laisser ouvert
le joint nécessaire à la rotation de la coupole.

Dans le projet qui nous occupe, l'avant-cuirasse a cependant
reçu un appui par la coupole et ce n'est que pendant la rotation
qu'une séparation s'établit.

Les parties de la construction qui mettent en relation la cuirasse
et le pivot se composent d'un support circulaire en tôle avec cornières, dont les inférieures soutiennent la cuirasse frontale, tandis que
les supérieures servent de pièces de jonction au support circulaire
avec la coupole.

Quatre consoles en tôle soutenues par des cornières réunissent
le support circulaire aux flasques de l'affût.

Ces derniers se composent de deux plaques de cuirassement
de 100 mm d'épaisseur qui sont tenues en écartement vers le haut
au moyen d'une pièce transversale, assemblée à la plaque inférieure
de la calotte.

Les flasques sont boulonnés à la crapaudine.

Comparés à la construction expérimentée à Cummersdorf, ces
flasques d'affût, qui fonctionnent en même temps comme contre-fort
de recul, sont beaucoup plus solides. — Pour les faire servir de
contre-forts, on y a pratiqué deux rainures circulaires qui servent
d'appui à des languettes en arc de cercle du manchon a. Celui-ci se
compose de deux parties symétriques jointes dans le plan des
tourillons, adaptées parfaitement au canon et réunies par quatre forts
boulons à écrou. Les deux languettes du manchon se meuvent dans
les rainures des flasques et transmettent le choc du recul.

Les tourillons étant engagés dans le manchon, la stabilité du
canon est assurée. — Toutes les surfaces de contact ont des dimensions suffisantes pour pouvoir résister au recul d'une façon durable.

Par suite du dispositif d'enrayage que nous venons de décrire,
l'aménagement intérieur de la coupole est très-avantageux, surtout
en ce qui concerne le service de la pièce. Comparé à la construction
de Cummersdorf, le projet actuel présente de grandes simplifications.

Le pointage vertical s'obtient comme précédemment par la rotation de la pièce autour de deux tourillons appliqués à l'avant du

canon. Le mouvement se donne au moyen d'un treuil à vis sans
fin b. L'élévation est indiquée sur une échelle graduée, fixée sur la
cornière directrice des contre-poids. L'indication se trouve sur l'un
de ces derniers.

Pour le pointage horizontal, la coupole doit être soulevée et
dégagée de son appui sur l'avant-cuirasse; son poids porte alors
sur la cheville-pivot c. Celle-ci est conforme au modèle adopté à
Cummersdorf, seulement l'écrou d n'est pas fixe, mais susceptible de
recevoir un mouvement de rotation. Le pivot repose sur le tranchant
de l'un des bras du levier e dont l'autre bras porte un contre-poids
faisant à peu près équilibre, par une transmission au vingtuple, à
toute la partie mobile de la coupole. Si on fait descendre l'écrou
en agissant sur le levier f, tout l'affût est soulevé, mais l'effort à faire
ne correspond qu'à la différence des poids sur les deux bras du levier.

La coupole peut ainsi être soulevée facilement et en quelques
secondes.

**Tous les effets nuisibles des chocs sont empêchés par les mêmes
dispositifs qu'à l'affût expérimenté à Cummersdorf, c'est à dire que
celui-ci repose toujours sur une cheville à vis engagée dans un écrou
qui prend appui sur les maçonneries de fondation.**

Pour maintenir l'affût en équilibre sur la cheville-pivot, on a
remplacé les lourds tampons essayés antérieurement par trois roulettes g. Celles-ci sont fixées à une pièce d'appui en tôle d'acier,
dont la partie supérieure n'appuie pas contre le support circulaire
mais laisse un certain jeu. Vers le bas, la pièce d'appui est maintenue
par une partie recourbée du support circulaire. La pièce d'appui
peut être serrée plus ou moins au moyen des boulons à écrou h,
pour régler l'appui élastique des roulettes contre le rail circulaire.
Les roulettes peuvent être appuyées au moyen d'excentriques, ou
bien on règle leur position sur la pièce d'appui élastique de telle
façon que, si elles sont pressées par la charge différentielle, elles se
relèvent quand la coupole est soulevée et celle-ci se trouve ainsi en
équilibre sur le pivot.

Le mouvement de rotation peut être donné à l'affût au moyen
d'un levier denté engrenant dans une couronne circulaire, ou au
moyen d'un levier à taquet. Les deux mécanismes sont également
bons pour imprimer à l'affût soit un mouvement de rotation rapide
soit un mouvement doux tel qu'il est nécessaire pour un pointage
minutieux.

Le dispositif des roulettes, esquissé plus haut, constitue une
amélioration et une simplification notables. Aux lourds tampons
agissant par le bras du levier, qui faisaient sauter les têtes de vis

quand l'affût recevait un choc, on a substitué des roulettes légères avec pièce d'appui élastique qui sont constamment pressées contre la voie.

Tout en présentant des garanties plus grandes pour la conservation de mécanisme d'équilibre, l'affût de ce projet a un mouvement de rotation plus facile.

Surtout le soulèvement de la coupole est facile.

On a conservé les appareils de pointage qui ont fait leurs preuves à Cummersdorf. Pour l'orientation préliminaire et pour le tir à grande distance on a appliqué une visière extérieure; pour les petites distances, la bouche du canon n'étant pas tournée vers l'ennemi, on se sert d'une visière placée en dessous du trou d'homme. — On a adapté dans ce but des guidons placés exactement dans le plan vertical de l'axe de l'âme. Une troisième visière est adaptée immédiatement au canon.

Pour donner un éclairage convenable à la coupole, quand le trou d'homme seul est insuffisant, la cuirasse frontale appuie sur de larges saillies de 3 cm de hauteur, ménagées sur l'avant-cuirasse. Ce dispositif est également favorable à l'évacuation de la fumée. *

Dans le même but on a ménagé des ouvertures elliptiques dans les points d'assemblage de l'avant-cuirasse et dans la maçonnerie en granit correspondante.

Un autre moyen de donner de l'éclairage et d'évacuer la fumée consiste à construire les boulons en forme de cylindres creux, d'un diamètre intérieur de 4 cm et d'une épaisseur de métal de 1 cm.

Pour éloigner les eaux pluviales, on pratique dans le sol une rigole recouverte d'une grille.

Occupons nous actuellement de l'échange d'un canon endommagé.

La fig. 4 représente la pièce couchée sur un wagonnet de transport et prête à être montée ou descendue sur la voie inclinée.

Pour mettre la pièce dans cette position, on fait passer la chaîne sur la poulie et de là sur les tourillons.

On dévisse alors les boulons du manchon et on écarte assez les parties supérieure et inférieure pour dégager le canon, qui peut alors être descendu sur le wagonnet.

Une chaîne, passant sur la poulie l et aboutissant au treuil k, sert à la traction.

---

* On pourrait recommander d'appliquer, au lieu de ces saillies, des coins en bois assemblés à queue d'hironde à l'avant-cuirasse, comme nous le proposons pour l'affût cuirassé pour obusier de 21 cm, représenté à la planche X.

Nous avons relevé les avantages de la construction représentée planche V comparée à celle expérimentée à Cummersdorf; il nous reste encore à examiner la question des dépenses. Pour obvier aux défauts de construction signalés par la commission d'expériences, il faut avant tout renforcer le bord inférieur de la calotte, et l'abaisser sous l'avant-cuirasse. En donnant alors, comme nous l'avons admis dans le projet planche V, à l'avant-cuirasse une épaisseur égale sur tout le pourtour, les dépenses seront augmentées de beaucoup.

C'est pour cela que nous avons élaboré le projet qui est traité dans ce chapitre. Il satisfait complètement à toutes les exigences quand on l'applique d'après les principes tactiques que nous avons émis et développés dans l'exemple planche XXI. La forme et l'épaisseur admises pour la fonte durcie suffisent pour résister aux meilleurs projectiles en acier.

Si l'affût cuirassé est destiné au combat d'artillerie, comme dans l'exemple de la planche XXII, il sera facile de donner à la cuirasse frontale une courbure plus élancée, de la renforcer jusqu'à une épaisseur de 80 cm et d'agrandir la plaque en fer laminé. Il ne reste plus alors qu'une surface de 15 cm de hauteur, qui pourrait être atteinte sous un angle de 42°, et il est certain, étant donnée une épaisseur de cuirasse de 80 cm, que les meilleurs projectiles en acier n'y produiraient aucun effet. *

Pour le cas d'atteintes directes, nous voudrions recommander une plus grande inclinaison de l'avant-cuirasse, ce qui ferait gagner en outre de l'espace intérieur.

Malgré l'accroissement de dépenses ainsi occasionné, le prix de revient de cet affût cuirassé n'est que de 75000 Mks. On pourrait donc établir deux coupoles pour une pièce et réaliser encore une économie sur les coupoles à deux pièces de 15 cm, car ces coupoles coûtent, y compris les affûts, 180000 Mks. **

Un avantage considérable de notre système consiste dans le fait que l'on peut y appliquer les embrasures minima sans devoir recourir en même temps à l'emploi d'un affût compliqué. Malgré la

---

* On a représenté le canon de 15 cm sous un angle de dépression de 4°, ce qui suppose, pour la fortification en site de plaine, un pointage exceptionnel. Si l'on construit l'affût cuirassé d'après les propositions de la commission spéciale, en limitant le tir à une dépression de 1°, on peut diminuer la hauteur de la construction de 15 cm et la cuirasse frontale en fonte durcie forme alors un obstacle parfait.

** Il faut observer à ce sujet que les changements qui deviendront nécessaires par suite de l'introduction des obus en acier auront pour conséquence une augmentation considérable de ce prix.

perfection des affûts hydrauliques de Gruson et la nécessité qui
existe de les employer pour certains canons de gros calibre, nous
avons hésité à introduire le frein hydraulique dans notre système,
qui exige une application étendue des cuirassements. Il nous faut
des installations plus simples et nos affûts répondent à cette exigence:
quelques poulies avec chaînes, des contre-poids et des leviers, tous
appareils familiers aux artilleurs, suffisent pour assurer le fonctionnement de notre artillerie.

C. Affût cuirassé pour deux canons de 15 cm frettés.

(Planche VI.)

Le projet d'affût représenté planche VI pour deux canons de
15 cm frettés a été exécuté par les usines Gruson sur commande
spéciale, d'après laquelle deux canons à axes parallèles devaient
pouvoir tirer sous une dépression de 9°.

Dans ce qui précède, nous nous sommes élevé à différentes
reprises contre une pareille disposition et nous croyons qu'on peut
l'éviter dans la plupart des cas.

La construction est conforme à celle renseignée planche V, à
part quelques modifications indispensables motivées par l'installation
de deux pièces. Entre autres, il a fallu changer la disposition des
chaînes, parce que les contre-poids ne pouvaient être employés que
d'un côté.

Pour ne pas devoir donner aux canons des appareils de fermeture permettant le chargement des deux côtés, comme cela est
nécessaire dans certaines tourelles de navire, on a dû chercher à
obtenir l'espace nécessaire pour pouvoir servir les deux pièces du
côté gauche.

L'exigence d'un grand angle de dépression fait supposer qu'on
veut conserver aux pièces la faculté de participer au combat aux
distances les plus approchées.

Les coupoles seront donc exposées également à être contrebattues par des projectiles animés d'une grande vitesse. Pour y
remédier, il nous semble nécessaire de renforcer la résistance de la
cuirasse, surtout en lui donnant une courbure moins prononcée. Ce
dernier point obligerait d'augmenter le diamètre de la coupole, et
par suite les frais de construction. Mais alors il n'y aurait aucun
avantage à adopter ce projet au lieu de celui de la planche V, car
on peut affirmer que le prix d'un affût cuirassé pour deux canons de

15 cm tirant sous un angle de dépression de 9° n'est guère inférieur
à 180000 Mks.

L'objection que deux affûts cuirassés à une pièce exigeraient
le double de frais pour les **substructions** et une augmentation de la
ligne de feu, ne résiste pas à la discussion. Car si l'on organise les
magasins à munitions et autres abris pour l'artillerie d'après la
planche V, fig. 4, on obtient pour une pièce assez d'espace dans les
substructions pour satisfaire à toutes les exigences.

Mais il en est autrement quand il s'agit des installations souter-
raines pour deux pièces. Les substructions pour une coupole à
deux pièces ne sont pas beaucoup plus grandes que pour une pièce
et, pour avoir des abris suffisants, il faudrait avoir recours à des
constructions spéciales.

Quoique l'affût cuirassé pour deux pièces soit considérablement
plus lourd que pour une pièce, à ce point de vue la construction
est parfaitement exécutable telle qu'elle est représentée au projet
planche VI.

D. Affût cuirassé pour deux canons de 15 cm frettés avec arrêt du recul à la culasse.

(Planches VII et VIII.)

Le projet d'après les planches VII et VIII a été élaboré par
l'usine Gruson, comme dans le cas précédent, sur commande
spéciale, d'après laquelle deux pièces parallèles devaient pouvoir
tirer sous une dépression de 5° et sous une élévation de 25°. Pour
le reste, on demandait une imitation aussi exacte que possible de
l'affût expérimenté à Cummersdorf.

Les mouvements d'élévation et de descente de l'affût cuirassé
n'étaient nécessaires que pour le cas où le mécanisme de rotation se
trouvait être calé. Par suite, la coupole n'a pas de contre-poids. Le
recul est arrêté sur la culasse, comme pour l'affût de Cummersdorf.

On a tenu compte de toutes les propositions d'amélioration
formulées par la commission de Cummersdorf.

D'après cela, les plaques de cuirasse ne sont pas composées de
lamelles, mais elles ont une épaisseur de 160 mm et reposent sur une
couche intérieure de 2 × 20 mm d'épaisseur.

Le retrait successif au bord inférieur de la calotte a été évité
et on a fait descendre celle-ci d'avantage sous l'avant-cuirasse, de
façon à obtenir un petit angle d'arrivée.

L'appui par tampons a été remplacé par l'appui par ressorts, dont la disposition se comprend à l'inspection du plan.

Les leviers dentés sont remplacés par des leviers à friction tels qu'ils sont représentés fig. 5 et 6. Sur l'axe de la roulette a été adapté un disque c qu'entoure un anneau c', en laissant, un peu de jeu. Dans la partie inférieure de l'anneau, se trouve un levier d avec deux taquets qui peuvent être pressés contre le disque c, quand on veut faire tourner la roulette b. Si l'on place le levier dans une position normale à la circonférence, la pression cesse et l'on peut replacer le levier dans sa position initiale sans entraîner la roulette. Au moyen d'un mouvement alternatif des leviers, on produit donc la rotation des roulettes qui font tourner toute la coupole.

Pour empêcher la chute de débris de béton, on a revêtu les cassettes d'une couche d'asphalte.

Les autres détails sont visibles à l'inspection des planches VII et VIII.

E. Affût cuirassé pour quatre canons de 15 cm frettés.

(Planche IX.)

La coupole d'après le projet planche IX est destinée à recevoir à la fois quatre pièces de 15 cm frettées, ce qui diminue nécessairement les frais d'installation pour chacune d'elles. Prise d'une manière absolue, la valeur d'un canon placé dans cette coupole-batterie ne peut être comparée à celle d'un canon ayant son propre couvert. Cependant, ce sont parfois les exigences de l'emplacement qui rendent la coupole-batterie avantageuse. C'est, par exemple, le cas pour une plate-forme de réduit ou pour de très-petits forts d'arrêt, surtout dans les pays montagneux où l'on doit battre les pentes et avoir toujours une réserve de pièces prêtes à faire feu. Par l'installation de quatre canons, on ne veut pas obtenir, comme pour le revolver, une plus grande vitesse de tir, mais on cherche à réunir un armement très-fort sur un espace restreint.

Dans le cas d'un accident, il peut-être important d'avoir l'une ou l'autre pièce en réserve, car le court espace de temps nécessaire pour remplacer un canon peut encore être trop long, quand on est exposé à une attaque par surprise.

Le grand diamètre permet une dépression de 10°, sans nécessiter une courbure défavorable et une dépense trop forte. Une construction de la cuirasse par sections du poids d'une pièce peut faciliter le montage de la coupole dans les terrains difficiles.

La calotte repose sur deux plaques superposées, en tôle, de 40 mm d'épaisseur, auxquelles elle est vissée.

Il est avantageux de donner à la cuirasse frontale une forme plus élancée et une plus grande épaisseur, qui peut être de 700 mm. — L'augmentation des proportions de la coupole oblige de renforcer les parties de la construction avoisinant le pivot.

Les supports du plancher, reliés à la crapaudine du pivot, soutiennent les flasques d'affût. — Le croquis fait voir les détails de l'assemblage des différentes parties. — Les cassettes sont remplies de béton. Pour éviter les inconvénients de ce remplissage, on a mis au fond des cassettes des madriers de 10 cm d'épaisseur, on a calfeutré les joints, coulé d'abord une couche d'asphalte, puis du ciment. Le plancher en bois a l'avantage de ne pas former d'eau de condensation.

Les dispositifs pour intercepter le recul et pour le pointage en hauteur sont les mêmes qu'au projet planche V. Le pointage en direction serait difficile à donner sur la pièce même, à cause du manque d'espace. On a donc appliqué quatre visières extérieures, et quatre écrans de visée, une pour chaque quart, dont le plan passe par l'axe de la coupole. Un indicateur marque sur une échelle graduée la direction donnée par l'écran de visée et, pour que le pointage soit assuré, il doit y avoir accord entre cette indication et celle donnée par l'indicateur de la pièce. Cette manière de viser peut servir également quand la pièce n'est pas tournée vers l'ennemi. Elle a été jugée très-bonne aux expériences de Cummersdorf. Nous devons faire remarquer qu'on peut placer sur l'échelle graduée un curseur qui, au moment du contact avec l'indicateur, ferme un courant électrique pour la mise à feu.

L'éclairage et l'évacuation de la fumée se font par le trou d'homme; on peut, de plus, construire les boulons en cylindres creux.

Le poids total de la coupole-batterie, même avec les cassettes remplies, n'empêche ni une rotation rapide ni le pointage le plus minutieux. Les conditions d'espace intérieur sont très-favorables quand même il semblerait à première vue que les servants des différentes pièces pussent se gêner mutuellement. En faisant succéder les différents temps de la charge, on parvient avec quelques exercices à assurer ce service. Voici comment: entre chaque couple de pièces se trouve un servant, deux autres se trouvent au milieu; les premiers reçoivent les projectiles et les passent aux hommes placés au milieu, qui sont chargés de les engager dans la culasse.

Si l'on tire avec les quatre pièces simultanément, on en charge toujours deux à la fois, en arrangeant la position d'élévation des canons pour que la culasse de l'un ne gêne pas le service de l'autre.

De cette façon huit servants suffisent à l'intérieur de la coupole: quatre pour l'approvisionnement, deux pour passer les projectiles, deux pour les engager dans la culasse et pour charger. Les servants, après avoir remis les projectiles, passent aux treuils, puis aux leviers pour faire tourner la coupole. Pour obtenir une rotation rapide, il faut employer quatre hommes en plus. Si l'on compte deux sous-officiers comme chefs de pièce, on arrive à quatre hommes par pièce pour les cas extrêmes, tandis que trois hommes suffisent pour le tir lent.

F. Affût cuirassé pour un obusier de 21 cm.

(Planche X.)

Les projets planche X et planche V se ressemblent beaucoup. Les quelques différences proviennent de la nature de l'armement.

Ce serait méconnaître les propriétés d'une bouche à feu à tir plongeant, de la faire tirer sous un angle de dépression. Quand les circonstances spéciales exigent le tir sous un tel angle, il faut agrandir la coupole et par conséquent augmenter les dépenses. Nous sommes convaincu qu'on peut toujours éviter des cas de ce genre en donnant à d'autres pièces la tâche spéciale de battre les pentes. La tâche de l'obusier étant ainsi limitée, on peut établir en principe que cette pièce doit être placée le plus bas possible.

C'est d'après ces idées que la coupole planche X est conçue; elle n'offre plus guère de prise ni au tir plongeant, ni au tir indirect. Le tir direct, pour avoir un angle de chute suffisant, devrait être fait à des distances telles que la chance d'atteindre un but de 50 cm de hauteur deviendrait nulle.

Le tir plongeant devrait également être fait à de très-grandes distances, car seulement alors les projectiles acquièrent une force vive suffisante.

On hésitera à employer les gros projectiles perce-cuirasses contre des buts de cette espèce, parce que la chance d'atteindre à 3000 m un cercle d'environ 3 m de diamètre est très-petite et qu'il faudrait plusieurs coups réunis, pour produire un résultat. En employant ces projectiles, on se priverait des avantages qu'offre l'emploi d'obus à grande charge explosive, si dangereux pour les alentours, quand même ils n'atteignent pas la coupole.

Ce sont les effets explosifs qui sont le plus à redouter pour nos positions d'artillerie, plus pour les batteries à canons que pour les batteries à mortiers. L'emplacement bas que nous assignons à nos affûts cuirassés pour bouche à feu à tir plongeant rendra toute observation du tir contre ces coupoles extrêmement difficile, surtout si on les masque par quelques plantations habilement disposées.

Cet emplacement fournit en outre le moyen de donner sans frais aux parapets de coupole autant de solidité qu'on voudra; on disposera toujours d'assez de terres pour combler un entonnoir qui pourrait devenir dangereux.

Le chargement doit pouvoir se faire avec la pièce dans une position inclinée. Les expériences de Cummersdorf, ainsi que des essais faits dans les établissements Gruson, avec un affût pour mortier rayé de 21 cm, ont démontré que cela est très-praticable.

Les effets de recul se feront sentir autrement sur l'affût pour obusier de 21 cm que sur celui pour canon de 15 cm.

Sous l'élévation maxima de 35°, le pivot sera plus fatigué et, sous des élévations moins grandes, le poids de la coupole pourrait n'être pas assez considérable.

Aussi on en a tenu compte. Le pivot repose sur une excellente fondation en bois qui, par son élasticité, résiste très-bien au choc; de plus, son état de conservation peut toujours être contrôlé et son renouvellement est facile.

La coupole ne repose plus directement sur l'avant-cuirasse, mais on a interposé des coins en bois, élastiques et faciles à remplacer.

Nous voudrions recommander l'emploi des coins en bois pour toutes les coupoles.

Nous savons bien que nous priverions par là l'avant-cuirasse en fonte durcie des avantages qu'elle retire de son soutien par la coupole; mais des expériences récentes ont prouvé que les avant-cuirasses assez fortement constituées résistent parfaitement aux coups ricochants.

Pour d'autres détails, voir le dessin. Nous ferons remarquer que toute la construction exécutée dans les établissements Gruson coûterait 65000 Mks. Le prix est plus élevé que pour le mortier, mais aussi l'obusier admet une charge de 7 kg et tire à 6000 m. Comme cette pièce peut également servir aux distances rapprochées, comme sa précision de tir est plus grande que celle du mortier, comme son shrapnel est plus efficace, on peut dire qu'un surcroît de dépenses est parfaitement justifié.

III.

Détails de contruction des affûts cuirassés pour mortiers rayés.

A. Affût cuirassé pour mortier rayé de 21 cm.

(Planche XI.)

A plusieurs reprises, nous avons fait ressortir la haute importance du tir courbe et la supériorité incontestable qu'il est destiné à donner à la défense.

Notre projet, planche XI, représentant un affût cuirassé pour mortier rayé de 21 cm, a pour but, et d'assurer un abri cuirassé à la pièce, et d'augmenter l'effet du tir.

Le cuirassement n'a qu'une ouverture, celle qui donne passage à la bouche de la pièce. Le champ de tir est de 360°, le mortier est enchâssé dans une sphère en fonte durcie, d'où il émerge par l'appareil de fermeture.

La sphère porte à sa partie inférieure deux guides C glissant sur deux rails E, de façon que la sphère et le mortier pivotent autour du centre et peuvent être dirigés suivant des angles d'élévation variant de 25° à 60°.

Les rails E font partie d'une pièce en fonte boulonnée à la colonne H; la direction se donne en faisant tourner cette colonne au moyen des leviers G.

La cuirasse de la casemate est bouchée par l'enveloppe sphérique du mortier.

La cuirasse extérieure, abstraction faite de la poterne, est disposée circulairement autour de l'axe vertical du mortier, de façon à laisser un interstice de quelques centimètres entre l'anneau cuirassé et la sphère. Cet interstice circulaire sert à l'éclairage et à la ventilation de la casemate. On a interposé des couches de bois afin de diminuer les chocs du recul.

La colonne centrale est en bois, analogue à ce qui s'est fait pour anciens mortiers, de façon à diminuer l'effet du choc résultant d'un tir sous de grands angles d'élévation.

Deux échelles graduées, servant à mesurer la direction et l'inclinaison, sont fixées au logement de la sphère et à la partie intérieure de la casemate.

Afin de faciliter le pointage en élévation, on avait d'abord adopté un dispositif qui consistait en une chaîne ayant de petites roulettes aux points d'articulation et interposée entre les guides **c** et les rails **E**, ce qui diminuait le frottement. Depuis, les usines Gruson ont remplacé ce dispositif par un autre.

La grande stabilité donnée à la sphère par le frottement en faisant porter directement les guides **c** sur les surfaces circulaires **E** a été reconnue avantageuse surtout quand la coupole est frappée par un projectile. On a donc disposé un arbre horizontal avec deux excentriques à roulettes. Au moyen de ces excentriques, on peut soulever la cuirasse sphérique de 0,3 mm, ce qui suffit pour la faire porter sur les roulettes et rendre son mouvement libre. Celui-ci se donne au moyen d'une manivelle avec vis sans fin agissant sur un arc denté.

Le mortier, en bronze durci, a été coulé spécialement, ce qui n'exclut pas la possibilité de faire servir n'importe quelle autre pièce, pourvu qu'elle soit assez courte et qu'elle ait des tourillons. Dans ce cas, on pourra toujours lui donner une enveloppe sphérique appropriée.

Nous avons adopté le système de fermeture à vis; c'est celui qui est le plus employé pour ce genre de bouches à feu.

Au lieu de tourillons, le mortier porte deux saillies circulaires qui se fixent dans la cuirasse sphérique par un système d'attache semblable à celui employé pour le fusil et la bayonnette.

Le calibre du mortier est de 209,3 mm, sa longueur de 1432 mm ou de 7,12 calibres, son poids est de 1200 kg, l'obus pèse 90 kg; avec une charge de 4 kg, il donne 3500 m comme portée maxima.

En dernier lieu, l'usine Gruson a construit des mortiers creusés directement dans la sphère, ce qui diminue le prix de revient.

Pour le chargement, les projectiles peuvent êtres amenés à la culasse, soit sur un chariot porte-projectiles glissant sur un rail incliné, soit au moyen de poulies mouflées, soit au moyen d'une grue mobile. L'emploi de ces différents engins dépend de la position du magasin. Le projectile est engagé dans la pièce au moyen d'un refouloir en bois. 4 hommes, placés 2 à 2 de chaque côté de la pièce, sont nécessaires pour cette manoeuvre.

Puisqu'il est très-facile de mettre le mortier sous une inclinaison donnée, on pourra réduire de beaucoup les dimensions de l'installation en adoptant une position spéciale de chargement. On complète alors l'installation en construisant une niche spéciale pour le service; elle doit être couverte également par une cuirasse en fonte durcie. Les projectiles sont amenés de l'étage inférieur directement à la culasse. Le chargement peut se faire aisément, même sous une inclinaison de 25°, sans craindre de voir les projectiles glisser en arrière.

La pièce et les servants étant protégés de toute atteinte et les machines rendent la manœuvre facile, 4 hommes par pièce suffisent.

Le champ de tir étant illimité, on peut concentrer sur un point le feu d'autant de mortiers qu'on veut.

La colonne en bois, par son élasticité, assure à l'installation une durée suffisante.

Cette construction est simple et résistante, elle ne présente au tir qu'un but très-petit et n'exige que peu de cuirassement. Elle est donc éminemment propre à assurer aux mortiers une grande importance dans le combat. Son prix de revient, relativement peu élevé, permet l'installation d'un nombre assez considérable de ces pièces, pour rendre la tâche de l'attaque extrêmement difficile.

B. Batterie cuirassée pour quatre mortiers rayés de 21 cm.

(Planches XII et XIII.)

Les planches XII et XIII représentent une batterie de mortiers destinée plutôt à la défense des côtes, et qui ne devrait donc pas être comprise dans cet ouvrage. Cependant le projet renferme quelques détails techniques qui trouveraient également un emploi avantageux dans la fortification terrestre; c'est pourquoi nous en parlons.

Les considérations sur lesquelles notre projet est basé sont:

Le feu plongeant contre les navires n'est efficace que comme feu de masses; étant donnée la simplicitée de nos installations, rien ne s'oppose à l'emploi d'un nombre suffisant de mortiers.

Le pointage indirect contre des buts mobiles présente de très-grandes difficultés, des observatoires spéciaux sont donc nécessaires.

Il faut avoir soin de placer les munitions dans le voisinage immédiat des pièces, de façon à obtenir la plus grande rapidité de tir possible. Ces munitions sont volumineuses et elles exigent en outre des machines de chargement, il faut donc calculer l'espace intérieur d'après ces exigences.

Le point le plus remarquable de ce projet est le dispositif de pointage indirect. Il est applicable également à la fortification terrestre quand les mortiers ont une position isolée, où le tir ne peut pas être réglé sur celui des canons placés dans le voisinage.

Pour une batterie terrestre, les dimensions de notre projet pourraient être considérablement réduites et, par là, le cuirassement deviendrait bien moins cher et plus résistant.

Coupole pour le pointage et l'observation.

Derrière un parapet suffisant en terres et en maçonneries se trouve une cuirasse se composant d'une partie annulaire en fonte durcie et d'une cloison centrale en fer laminé. Cette dernière est percée au milieu d'une ouverture recouverte d'une petite calotte en tôle d'acier de 20 mm d'épaisseur, qui sert à protéger le pointeur. On vise au moyen d'une règle à pinnules ou d'une longue vue.

La calotte est fixée de telle façon qu'elle peut être enlevée par le tir sans endommager la cloison centrale.

Cette cloison ainsi que le siége du pointeur sont reliés à une colonne centrale **B**, maintenue en haut par un collet et reposant en bas sur une crapaudine.

La règle à pinnules **V** peut être également enlevée par un projectile sans dégrader la calotte et elle peut être remplacée par une règle de rechange. Sa position est déterminée de façon que la ligne de foi passe exactement par l'axe de la coupole. Des moyens de vérification permettent de s'en assurer. Des vis de rappel servent à préciser le pointage.

La colonne **B**, mobile autour de son axe, est pourvue d'un bras qui porte à son extrémité un indicateur **Z'** avec vis de rappel. Sa direction doit passer exactement par l'axe de la coupole.

Un tube **D** est mobile autour de la colonne centrale; il porte également un indicateur **Z"** qui marque sur le même cercle gradué que **Z'**.

Le tube porte à sa partie inférieure un disque denté. Celui-ci engrène dans une vis sans fin mise en mouvement par une manivelle.

Cette vis sans fin est placée sur un arbre de couche, traversant toute la batterie et ayant pour chaque mortier une vis sans fin munie d'une transmission avec disque denté, pareille à celle décrite ci-dessus.

Chacun des quatre disques placés sous les mortiers a un trou conique **E** dans lequel peut s'engager un loquet très exactement travaillé. Ce loquet peut être dégagé au moyen d'une poignée **F**.

Pointage des mortiers.

Le pointage des mortiers se fait de la manière suivante:

Le pointeur maintient la ligne de visée sur l'objet en se faisant tourner et en faisant tourner en même temps l'indicateur **Z'**. Pour cela, il agit sur la manivelle avec roue dentée **G**, qui transmet son mouvement à une couronne dentée fixée sur le collet de la colonne **B**.

Au commandement de „prêt", le servant placé à la manivelle **H** met la vis sans fin en mouvement jusqu'à ce que l'indicateur **Z''** soit en coïncidence avec l'indicateur **Z'**. Les disques sous les affûts tournent également et placent tous les trous à loquet dans la même position et en rapport avec les indications de **Z'** et **Z''**. Le pointage des mortiers est ainsi marqué. Alors les affûts sont tournés chacun isolément jusqu'à ce que les loquets **F** tombent dans les trous **E**.

Puisqu'il n'y a pas moyen de rendre le pointage des mortiers absolument identique, on doit pouvoir le régler spécialement pour chaque affût. A cet effet, le loquet peut se déplacer entre deux vis qui servent à régler sa position.

Après le pointage horizontal, il faut donner l'élévation d'après la distance du but. Faisons remarquer à ce sujet que les mortiers nécessaires à la défense d'une position sont répartis entre deux ou plusieurs emplacements. On peut donc rechercher la distance par les observations combinées de deux batteries qui déterminent les angles à la base d'un triangle dont le but est le sommet, ainsi que cela a été expliqué dans les considérations générales.

L'approvisionnement et le chargement des mortiers sont en général difficiles, surtout dans les batteries à ciel ouvert. Dans nos projets, ces services ont reçu des installations bien appropriées. Pour la batterie planche XIII. les munitions, 250 coups par mortier, sont placées commodément dans les magasins et un large corridor central assure la facilité du transport. Il est désirable d'avoir l'approvisionnement pour un combat, immédiatement à côté des pièces; on a donc porté la largeur de la batterie à 5 m. S'il n'est pas nécessaire d'avoir une partie des munitions en haut, on peut réduire la largeur à 3 m, mais alors il y a lieu de construire des niches pour les machines de chargement.

Le chargement devant se faire sous un angle d'élévation de 25°, rien que pour engager l'obus, qui pèse 190 kg, il faudrait déjà 4 hommes. On a donc dû avoir recours à un mécanisme spécial que nous allons décrire.

Un refouloir est relié par une chaîne à un treuil sur lequel agit en même temps un poids **K**, qui, s'il est abandonné, tombe et donne au refouloir un mouvement de propulsion. Un servant, en appuyant sur la manivelle, pousse d'abord doucement le projectile dans le chariot porte-projectile; puis, le poids tombant, le projectile est porté rapidement en avant et engagé fermement. Le servant fait ensuite remonter le poids en agissant sur le treuil, ce qui dégage aussi le refouloir. Pendant ce temps, un autre projectile arrive sur le chariot sous la poulie et le servant le soulève par le même treuil.

L'expérience fera modifier certains détails de ce mécanisme, qui assure cependant déjà un service rapide, tout en demandant très-peu de servants.

Les machines ne sont pas plus compliquées que celles de la plupart des ateliers, elles fonctionnent bien et avec précision.

Il n'y a pas à redouter que les chocs du recul ne compromettent les organes du mécanisme de rotation; la grande masse du mortier et la colonne élastique en bois suffisent pour neutraliser les effets nuisibles.

IV.

Détails de construction d'un affût cuirassé à éclipse pour canon de petit calibre.

A. Affût cuirassé à éclipse pour canon-revolver de 53 mm.

(Planche XIV.)

Dans les considérations générales, nous avons fait ressortir que les canons de petit calibre protégés par des cuirasses étaient éminemment propres à repousser les attaques de vive force, et nous avons attribué ce rôle surtout aux canons-revolvers.

Le projet planche XIV est conçu pour un revolver Hotchkiss de 53 mm. Il tire environ 30 coups par minute et peut lancer des obus et des boîtes à balles du poids de 1,7 ' ;; sa charge est de 300 gr.

Les boîtes à balles portent à 400 m, les obus à 4000 m environ.

La boîte à balles renferme 80 projectiles, la pièce lance donc 2400 projectiles par minute. On n'a pas construit de shrapnel, le jugeant inutile à cause de l'abondance du tir à obus.

Pour mettre cette pièce, qui possède une puissance balistique si énorme, en état de bien agir contre les assauts, il faut que son installation présente certaines conditions, que voici:

1. La pièce doit être protégée contre les feux de mousqueterie qui précèdent l'assaut; elle doit être mise complètement à l'abri pendant le combat d'artillerie, auquel elle ne participe que dans des circonstances exceptionnelles. Le mécanisme délicat de la pièce exige qu'elle ne soit pas exposée aux influences atmosphériques ni à d'autres causes de détérioration, telles que la poussière et les terres soulevées par le tir.

2. La pièce doit pouvoir être amenée rapidement de sa position de repos à sa position de combat.

3. Elle doit avoir un grand champ de tir.

4. Le terrain extérieur doit pouvoir être dominé suffisamment.

5. La cuirasse doit protéger la pièce et les servants. Dans la plupart des cas, un couvert contre la mousqueterie est suffisant. La cuirasse doit tout au plus résister aux obus de campagne.

6. L'action de la pièce ne doit pas être entravée par le couvert.

Pour satisfaire à ces conditions, on a installé la pièce de façon à la dérober complètement à la vue pendant le combat d'artillerie. Cette position est esquissée planche XIV, fig. 2. L'élévation, représentée en traits ponctués, indique la position de combat de la coupole.

Dans la position de repos, la calotte, assez forte pour résister au tir plongeant, repose sur l'avant-cuirasse; dans cette position, elle ne peut être atteinte par le tir tendu que très-obliquement.

Les parties basses de la coupole sont protégées par un parapet qu'on peut renforcer par des maçonneries en béton et au besoin en granit.

La calotte, à l'épreuve de la bombe, repose sur un cylindre en tôle, dont l'épaisseur varie, d'après les feux à redouter, entre 10 et 80 mm.

La calotte est en fer laminé de 14 mm, ou bien en acier de 10 mm.

Si l'épaisseur de la cloison dépasse 30 mm (planche XVI) on entoure l'embrasure d'une pièce en acier fondu, reliée solidement à la cloison cylindrique. L'embrasure est fermée par un volet mobile S.

Ce volet mobile (voir fig. 3) porte deux guides, entre lesquels est calé le cadre en bronze qui enserre le faisceau de canons. Le pointage vertical se fait autour des tourillons **b**. A gauche, le guide est plus long qu'à droite, parce qu'il porte l'appareil de visée et les rouages.

La disposition générale du revolver est visible à l'inspection des planches. La partie postérieure, reliée solidement au cadre en bronze, porte les mécanismes de fermeture et de mise à feu. Les cartouches métalliques avec projectiles sont introduites par une ouverture supérieure et latérale se fermant au moyen d'un couvercle en bronze (fig. 3).

Pour gagner de l'espace intérieur, on a placé plus en arrière la manivelle du mécanisme de chargement, ce qui exige une transmission par roues dentées (indiquées en traits ponctués). Le faisceau de cinq canons est mobile autour d'un arbre longitudinal qui prend appui en arrière dans la partie fixe du revolver, en avant dans une traverse du cadre en bronze. Chaque canon fait feu quand il arrive à la position la plus basse, une petite ouverture creusée dans le volet d'embrasure livre passage au projectile. Le volet n'a pour but que d'intercepter le bruit des détonations qui incommoderait trop les servants. Le pointeur vise par un écran (voir fig. 2 et 3).

Le recul est arrêté par les tourillons **b**.

La coupole porte, par une crapaudine en fonte **p**, sur le fût d'une colonne-pivot **m** qui prend lui-même un appui rotatif sur une traverse mobile pouvant glisser dans la colonne **f**. Cette traverse est reliée aux contre-poids par des chaînes passant sur des poulies. Pour faire passer la coupole de la position de repos à la position de combat, on dégage le frein du treuil **n** qui retient les contre-poids, lesquels s'abaissent et soulèvent l'affût cuirassé. Celui-ci pouvant tourner non seulement sur la colonne-pivot, mais encore avec elle, on évite un forcement de la coupole pendant l'ascension. Trois roulettes **n** facilitent la rotation de l'affût cuirassé. Une manivelle avec roue dentée **z** sert à imprimer le mouvement.

Le contre-poids est calculé de façon à soulever la coupole avec les servants, au nombre de trois. L'un de ceux-ci est placé à gauche, à côté de la visière **v**. (Voir fig. 3.) Il peut saisir des deux mains la manivelle de la roue d'engrenage, faire tourner la coupole et pointer. L'élévation se donne facilement, la pièce étant équilibrée par le contre-poids **k**, relié aux tourillons du cadre en bronze au moyen d'une chaîne avec poulie de transmission.

Le No. 2, placé du même côté, introduit les munitions.

Le No. 3, placé de l'autre côté, met en action au moyen de la manivelle le mécanisme de chargement et de mise de feu.

Pour l'éclairage et la ventilation, il y a une fenêtre avec volet à glissière à la partie postérieure de la tourelle. C'est par cette ouverture qu'on opérerait pour réparer un dérangement qui aurait pu se produire au mécanisme.

Le prix de cet affût cuirassé pour canon-revolver de 53 mm, construit par les usines de Gruson, est de 28000 Mks. Les frais de transport et de montage ne sont pas élevés. Le canon coûte 14000 Mks.

B. Affût cuirassé à éclipse pour un canon-revolver de 37 mm.

(Planche XV.)

Ce projet d'un affût cuirassé à éclipse pour un canon-revolver de 37 mm est basé sur les mêmes considérations tactiques que celui pour le calibre de 53 mm.

La pièce de ce dernier calibre pèse environ 1000 kg, celle de 37 mm ne pèse que 240 kg, mais aussi l'effet en est bien différent; pour le gros calibre, l'action peut être comparée à celle de l'artillerie de campagne, tandis que pour le petit elle correspond plutôt à la mousqueterie. L'effet du canon de 53 mm sur des troupes est énorme et l'obus a même encore une action remarquable sur des levées de terre. Nous avons fait choix de ce calibre pour tous les cas où il faut se préoccuper d'une action collatérale, tandis que le canon-revolver de 37 mm ne doit servir qu'à la défense de l'ouvrage qu'il occupe.

Son affût cuirassé est naturellement plus léger que le précédent.

Il est également soustrait au tir tendu par une disposition à éclipse; contre les feux verticaux, il a une calotte cuirassée suffisamment résistante.

La construction de l'avant-cuirasse est plus coûteuse que pour le projet précédent, mais elle est aussi bien préférable.

Les dispositions de mise en batterie diffèrent également: dans la position de repos, le canon est retiré à l'intérieur de la coupole (ainsi qu'il est indiqué en traits ponctués, fig. 1). Pour opérer le changement de position, la pièce repose sur deux leviers en liaison parallélogrammique, montés sur le socle de l'affût. Les tourillons reposent sur une fourche dont le manche est vertical dans la position de tir et se trouve arrêté dans cette position, contre la cloison de l'affût, par un encliquetage. Une vis de pointage sert à donner l'élévation, qui varie entre $+ 15°$ et $- 5°$, ces limites pouvant d'ailleurs être élargies considérablement.

Le pointage en direction se fait d'abord approximativement avec la coupole, puis, pour le pointage plus exact, le cadre de la pièce qui entoure le faisceau de canons peut recevoir, au moyen d'un engrenage à vis sans fin, un déplacement latéral de 5°.

Le service de la pièce exige 3 servants: le n° 1 pointe, le n° 2 introduit les cartouches et le n° 3 tourne la manivelle du mécanisme de chargement et de mise de feu. Les fonctions des n° 1 et 3 peuvent être réunies.

Le mouvement d'ascension de cet affût cuirassé s'opère comme pour le précédent et les dessins permettent de se rendre compte exactement de la marche du mécanisme. Quand la coupole est arrivée dans sa position de combat, les servants poussent la pièce vivement dans l'embrasure où elle est arrêtée par l'encliquetage et le feu peut commencer. Un homme placé dans l'étage inférieur donne le mouvement de rotation à la coupole en faisant effort sur une des poignées latérales.

Pour centrer la coupole, les dispositions sont autres que dans le projet planche XIV. Trois roulettes coniques verticales i i i sont fixées à la cloison cylindrique et guident la rotation de la coupole en appuyant contre le bord intérieur de l'avant-cuirasse. Les roulettes, par leur forme conique, ramènent la coupole vers sa position de centrage si elle en dévie pendant l'ascension.

Le bruit des détonations n'est pas trop intense dans l'intérieur de la coupole, à cause de la disposition du canon dépassant l'embrasure et du calibre réduit de la pièce.

On a donc laissé l'embrasure ouverte, ce qui donne une économie assez notable.

Cet affût cuirassé coûte 17 000 Mks., le canon 5000 Mks. environ.

V.

Grenades à main.

(Planche I, fig. 4.)

Malgré la mauvaise réputation des grenades à main dans la fortification moderne, nous avons fait de ce moyen de défense une application assez étendue, à cause de la transformation de la fortification telle qu'elle résulte de l'emploi des cuirasses.

Nous nous sommes déjà occupé des grenades à main dans la première partie de cet ouvrage, nous n'ajouterons donc que quelques indications sur les dispositions particulières qu'exige leur emploi.

Le calibre des bombes doit être tel qu'elles puissent être saisies et jetées facilement avec la main. La grenade est engagée par un petit choc dans le tube.

L'important est que cette opération puisse se faire rapidement, sans danger, et il faut avoir une fusée fonctionnant régulièrement.

La grenade à main (planche V, fig. 4) est une sphère creuse en fonte cassante, chargée de poudre ou, mieux encore, de matière explosive brisante. Elle est munie d'une fusée en bois qui doit être terminée par une composition fulminante, si la charge intérieure de la grenade est brisante. Pour la mise à feu, on adopte à l'extrémité une espèce d'étoupille à friction. Voici comment se fait le service: l'homme saisit la grenade de la main gauche, arrache le fricteur et jette la grenade en combustion dans le tuyau lanceur.

La disposition est donc tout à fait semblable à celle des grenades hollandaises. Nous recommandons spécialement, dans l'adoption de l'étoupille à friction, de la placer de façon à ne présenter aucune saillie qui pourrait entraver son roulage.

L'emploi de la matière explosive brisante est parfaitement admissible, attendu qu'il n'y a pas, comme pour le canon, un choc capable de faire détoner la charge intérieure.

Les tubes sont en fonte ordinaire et doivent avoir un diamètre intérieur assez grand pour laisser facilement passer le projectile. L'ouverture de côté du chargeur doit avoir un élargissement en entonnoir pour l'introduction des grenades.

Ces tubes déboucheraient au moins à environ 1 m au dessus du fond du fossé pour n'être pas obstrués par des éboulis. Une position plus élevée est avantageuse pour les mettre en dehors de la portée de la main.

Nous croyons avoir rendu aux grenades à main une part justifiée dans les moyens de défense du fossé. Ce n'est pas seulement l'effet meurtrier des bombes à dynamite, mais encore leur effet moral qui contribue à éloigner l'assaillant. Il faut certainement un haut degré de courage pour chercher à avancer dans un fossé obstrué par des obstacles en fil de fer quand au delà on arrive fatalement dans la sphère d'action des grenades à main qu'on voit éclater sans interruption.

L'application des tubes à grenades est simple et les munitions sont peu coûteuses. Il est donc sans importance que des parties de fossé non observées soient battues par des grenades, quand même il n'y aurait pas d'assaillants.

VI.

Caponnières de fossé.

(Planche XV.)

Nous avons esquissé dans la première partie de ce traité les caponnières en fer pour le canon-revolver de 37 mm en indiquant pourquoi nous nous occupons de ce genre de constructions quoiqu'il ne trouve aucune application dans les types de fortifications que nous préconisons.

Ce que nous avons dit alors et les indications que donnent nos croquis nous permettront d'être bref. Les caponnières en fer se composent d'un toit voûté en fer laminé, à l'épreuve de la bombe, et d'une cuirasse frontale en fonte durcie. On peut donner à cette dernière un profil très-avantageux et régler son épaisseur sur l'angle de chute des projectiles de gros calibre qui pourraient l'atteindre.

Une caponnière-coupole sera plus avantageuse qu'une caponnière fixe. Dans certaines circonstances on pourra même adopter une coupole à éclipse.

La caponnière-coupole à placer au saillant ou aux angles d'épaule n'a qu'un poids de 18000 kg. Il est donc inutile de la mettre sur pivot, ce qui d'ailleurs ne serait guère pratique, vu son petit diamètre de 2,15 m. Pour la rotation il suffit d'un cercle de roulement, comme celui des coupoles Gruson pour gros calibre, et le mouvement peut se donner, soit au moyen d'une couronne dentée, soit au moyen d'un mécanisme à levier.

On déterminera le degré de résistance de la construction d'après la puissance du tir auquel elle peut être exposée.

Le prix de revient est d'environ 27000 Mks., y compris les travaux de maçonnerie. Si on adopte une caponnière au saillant et deux pour les angles d'épaule, le prix pour l'ensemble est de 78000 Mks.

VII.

Constructions en arceaux et obstacles en fils de fer.

A. Expériences de tir contre des constructions en arceaux et contre des obstacles en fils de fer.

(Planches XVI et XVIII.)

Nous avons fait usage dans les types de forts, planches XIX à XXIII, pour les abris voûtés, d'un principe de construction qui s'adapte particulièrement bien aux formes fondamentales de la fortification cuirassée. De plus, ce genre de voûtes est très-économique, ce qui permet d'affecter une grande partie des ressources financières disponibles à la création d'un nombre suffisant de couverts cuirassés pour pièces de gros calibre.

Nos types de constructions voûtées ne doivent pas être considérés comme purement spéculatifs. Ils ont montré leur valeur pratique en subissant des épreuves sérieuses, quoiqu'ils n'aient pas encore été appliqués sur une échelle plus vaste à la constitution des places fortes.

Les premières expériences sur des profils constitués au moyen de T en fer à double courbure devant servir d'appui à des voûtes en maçonnerie de faible épaisseur ont été faites aux usines de Burbach près de Saarbruck. Les résultats de ces expériences ont été encourageants.

Vers la même époque, on nous a demandé de rechercher les moyens propres à augmenter la puissance de résistance contre les attaques de vive force des ouvrages de fortification provisoire.

Nous avons donc fait exécuter en 1869, d'après nos projets, au polygone de Tegel, une série d'expériences qui, tout en ne portant d'abord que sur des constructions provisoires, ont fourni la preuve que nos projets pourraient être appliqués avec succès à la fortification permanente.

Nous allons esquisser les points principaux ayant trait à ces expériences. Disons tout d'abord que la commission chargée d'examiner nos projets les a admis en principe.*

Il y a quelques années, nous avons essayé également avec succès une contrescarpe en décharge et nous l'avons appliquée dans nos projets de fortification.

a. Sujet des expériences.

Afin de répondre à la question posée en 1869, comment on pourrait augmenter la résistance à une attaque de vive force d'ouvrages importants par des travaux à exécuter au moment de la mise en état de défense, nous avons présenté des types en fer applicables tout d'abord à la fortification provisoire. Ils peuvent se classer de la manière suivante:

I. Organisation d'une résistance plus efficace contre les attaques de vive force:

a par des obstacles passifs,
b. en renforçant l'action des feux.

II. Locaux voûtés.

En ce qui concerne le No. I, obstacles passifs, nous avons proposé:

1º. des réseaux en fils de fer établis sur le glacis,
2º. des grilles en fer,
3º. des revêtements en tôle,
4º. une contrescarpe mettant le rempart à l'abri d'une attaque de vive force.

Les locaux voûtés soumis aux expériences étaient de deux espèces: les abris pour troupes, vivres et munitions et des locaux pour le flanquement des fossés.

Les constructions exécutées d'après nos projets au polygone de Tegel et représentées planche II étaient groupées sur le terrain de façon à recevoir le plus grand nombre d'atteintes possible, sans se préoccuper de les disposer d'après un tracé de fortification quelconque.

Les principales de ces constructions étaient:

1º. Une traverse-abri avec charpente en fer de 50^P de longueur et de 11^P de largeur** dans oeuvre. Son axe était dirigé dans le sens du tir. Elle avait deux étages sur une longueur de 25^P, et le reste, un étage. De l'étage inférieur partait une poterne située dans le prolongement de l'axe de la construction.

2º. Une galerie de revers avec meurtrières pour la mousqueterie.

3º. Une partie de revêtement de contrescarpe de 16^P de hauteur et de 14^P de largeur.

4º. Un revêtement de contrescarpe en tôle de fer de 10^P de hauteur et de 60^P de largeur.

5º. Des grilles doubles en fer de 8^P de hauteur, panneaux de 5^P de largeur. Elles étaient placées dans un fossé creusé perpendiculairement à la direction du tir.

* Voir Brialmont: La fortification à fossés secs. T. II, pages 248 à 252.
** Les notations employées pour désigner les mesures anciennes sont P = pied, p = pouce.

b. But des expériences.

Le but de ces expériences étant de rechercher des données sur le temps et les moyens nécessaires à l'exécution des projets, sur la manière dont les constructions résisteraient au feu de l'ennemi et à celui de la défense, et sur les réparations et la reconstitution des parties endommagées.

Les expériences relatives au tir devaient porter sur les questions suivantes:

1° Les traverses-abris sont elles capables de résister au tir à bombes chargées du mortier lisse de 28 cm?

2° Comment se comportent la galerie de revers, les revêtements d'escarpe et de contrescarpe et les grilles, dans le cas où des bombes de 28 cm et des obus du canon court rayé de 15 cm portent dans le fossé et y font explosion?

3° Comment le revêtement d'escarpe résiste-t-il à un obus du canon court rayé de 28 cm?

4° Quelles dégradations subissent les grilles placées dans le fossé quand elles sont atteintes par des obus,

a. perpendiculairement à leur longueur,

b. dans le sens de la longueur?

5° Comment les grilles se comportent-elles vis-à-vis du tir à boîtes à balles du canon lisse de 9 cm, et quelle protection offrent-elles contre un pareil tir?

6° Quel est le degré de résistance des abris voûtés contre le tir du mortier rayé de 21 cm en supposant qu'ils aient précédemment résisté au tir du mortier lisse de 28 cm?

c. Travaux de construction.

Le terrain sur lequel on a exécuté ces travaux était uni et sablonneux. Le fond de l'abri à deux étages a été mis à la cote — 8ᴾ (le terrain naturel est coté ± o) à deux pieds au-dessus du niveau de la nappe aquifère. On a donné à la communication vers la poterne du fossé une pente de 2ᴾ et on arrivait ainsi à la cote — 10ᴾ, celle du fond du fossé.

Après avoir creusé la tranchée, on posa les semelles de l'abri voûté à deux étages et de la caponnière du fossé. Sur ces semelles on plaça de 3 en 3ᴾ des poutres écartées en bas de la largeur de la semelle et boulonnées. La pose des semelles fut exécutée par quatre soldats du génie, en si peu de temps, qu'au besoin elle aurait pu se faire le jour même de la pose des arceaux. On commença par la construction de la partie à deux étages. 24 mineurs apportèrent les arceaux assemblés à un atelier situé à 100ᴾ de l'abri et les mirent en place. Ils exécutèrent ce travail en 2½ heures. Les mêmes travailleurs placèrent en 1 heure les arceaux plus petits et plus légers de la caponnière. L'érection d'une galerie de mine n'a exigé que 22 minutes avec le même nombre d'ouvriers et en mettant des pierres de taille à la place des semelles de fer en U employées à la traverse-abri à deux étages.

Pour la pose des semelles des étrésillons de la contrescarpe, on a dû, à cause des éboulements du terrain sablonneux, se borner à ne les enfoncer que de 6ᴾ au lieu de 1½ᴾ et renoncer à l'emploi de pierres de fondation pour les semelles, comme cela avait été projeté. La perte de temps occasionnée par ce fait a été considérable, et on a employé 3 heures, tandis que 1 heure aurait suffi dans les conditions normales.

Les arceaux étant posés, on commença la maçonnerie des voûtes. On n'avait à sa disposition que des ouvriers peu exercés, ce qui a nui à la rapidité de l'exécution. Le mortier employé se composait de 1 partie de chaux, 1 partie de ciment et 5 parties de sable.

Les arceaux, qui avaient été maintenus par des ancres lors de la pose, ont trouvé rapidement leur stabilité lors de l'exécution de la maçonnerie. On voulra au moyen de cintres évidés, qui portaient à leurs extrémités une fourche en fer saisissant les tables des fers en T et qui étaient enlatérés à l'aide de coins. On avait espéré pouvoir se passer d'étançons pour soutenir la construction en remblayant immédiatement contre les maçonneries, mais la marche du travail fut tellement rapide que l'on dut néanmoins recourir à ce moyen de consolidation.

Un ouvrier exercé peut exécuter en 10 heures 124 pieds carrés de surface, maçonnée. Mais comme la nécessité se présentera souvent en temps de guerre, comme pendant ces expériences, d'employer des maçons novices, on peut estimer la tâche d'un homme à 60 pieds carrés pour 10 heures de travail. La communication souterraine représentée planche XVII, fig. 6, a à peu près les dimensions d'un abri voûté et sa construction complète, placement des arceaux et maçonnerie d'une demi-brique, a exigé 4 heures. Si on donne à une brique l'épaisseur de la voûte, on peut estimer à 6 heures le temps nécessaire à la construction d'un pareil abri.

Pour obtenir une construction plus rapide encore, on a remplacé la maçonnerie par des tôles. On s'est servi de tôles de Dillingen-lez-Sarrebruck, en plaques de 3P de côté, auxquelles on avait donné au moyen de presses hydrauliques une double courbure, d'abord suivant le profil des arceaux, puis une courbure en dehors, avec une flèche de 1P par pied. Les tôles employées étaient de deux épaisseurs: à raison de 8 livres par pied carré, et à raison de 5 livres pour la même surface. Les premières étaient employées pour le dessus de la voûte, les secondes pour revêtir les côtés.

Après avoir recouvert de sable l'étage inférieur, on posa les semelles de la galerie supérieure en leur donnant le même écartement qu'à l'étage inférieur (Profil JK, planche XVI, fig. 3). Les plaques en tôle durent être rivées aux quatre coins aux T en fer. Les méplats en fer pour la liaison longitudinale furent également rivés.

Passant à l'exécution rapide d'une contrescarpe, on a posé 16 plaques en tôle à double courbure, de la façon indiquée planche XVI, fig. 1 et 6, plan et profil EF. Pour cette construction, de longues plaques courbées simplement suivant un arc de cercle auraient été préférables. On a également construit un revêtement de talus en plaques planes, avec armure en T sur les longs côtés, représenté planche XVI fig. 5 et 11 à 13. Le poids des plaques était de 5 livres par pied carré.

À cause des éboulis, il ne fut pas possible d'engager les tôles de 1½P dans le sol, on enfonça donc comme fondation quelques pierres plates et on consolida par des piquets. Comme ancrage, on avait ménagé dans les renforts en fer, à 6P à partir du haut, des trous pour servir de moyen d'attache à des fils de fer aboutissant à une poutre couchée à 12P de la berme et piquetée. 6 hommes ont exécuté la verge courante de ce travail en ¾ d'heure.

Le placement des grilles en fer dans le fossé, en avant des revêtements en tôle, était rendu difficile par la proximité de la nappe aquifère et les éboulis du sable; c'est à grand peine qu'on parvint à creuser des trous pour le placement des semelles. La pose des grilles sur le sol naturel offrait moins de difficultés, et 6 hommes ont pu placer la verge courante en 1 heure.

On exécuta ensuite un obstacle en fils de fer sur le glacis. Le réseau fut placé sur le sol naturel en avant des constructions savlites, ainsi qu'il est indiqué planche XVI, fig. 2 et 7. Les fils furent attachés par de petits clameaux à des pièces de 5P de longueur 3P d'équarrissage et enfoncés de 2½P. Le réseau principal, en fil de fer 5 mm d'épaisseur (100 pieds courants = 10 livres), fut entrelacé de fil de fer de 2 mm d'épaisseur (100 pieds courant = 2½ livres). Les points de croisement furent reliés par du fil de fer mince.

d. Manière dont les abris voûtés se sont comportés avant et après avoir reçu la terre couvrante.

Les voûtes, aussitôt maçonnées, furent couvertes de terres sans subir aucun dommage, si ce n'est à la caponnière, aux revêtements en tôle de la contrescarpe et à l'intérieur de la traverse-abri à deux étages.

Pour la caponnière, des semelles en fer se sont déplacées et les arceaux postérieurs ont été poussés en avant, mouvement accusé pour la courbure de de l'ancrage, mais sans donner lieu à des crevasses. Après avoir coupé l'ouvrage, on interposa des pièces d'écartement entre les semelles, ce qui fit cesser tout déplacement ultérieur, même en continuant à verser la terre couvrante.

Dans les premier et deuxième berceaux à l'entrée de la traverse-abri, il se produisit des crevasses longitudinales aux deux étages. On les boucha avec du mortier et elles ne s'élargirent plus, si ce n'est sous l'action des projectiles.

En remblayant le rempart en arrière des revêtements, ceux-ci se gonflèrent de façon à produire entre certaines plaques des disjonctions pouvant aller à ¼P. Cet écartement n'augmenta plus dans la suite des travaux de remblais.

B. Marche des expériences.

Nous ferons remarquer que lors des expériences portant sur l'objet n° 3, on ne s'était point bercé de l'espoir de voir les tôles résister à l'action du tir. Ce genre de revêtement doit être défilé, de même que les maçonneries. Il s'agissait de déterminer si le mouvement de terres produit par l'explosion des projectiles était assez considérable pour compromettre la stabilité de la construction. On redoutait surtout la destruction des côtes et des ancrages.

a. Tir sur les abris voûtés avec le mortier lisse de 28 cm.

Le mortier lisse de 28 cm se trouvait à 500 m de l'axe de la traverse-abri à deux étages; on tira, sous 75° d'élévation, 25 bombes ayant une charge intérieure de 2,5 kg de poudre.

Les deux premiers coups atteignirent le milieu de la traverse, sans produire de résultat à l'intérieur de celle-ci. Le troisième coup frappa la traverse près de l'entrée et ouvrit de nouveau les crevasses qui s'étaient déjà montrées lors de la mise des terres couvrantes. La quatrième atteinte produisit le même effet. La cinquième porta dans l'axe de la partie antérieure couverte en plaques de tôle, à un endroit où celles-ci joignaient mal par suite d'un défaut de fabrication. Il y avait là un entrebâillement de 2½ᴾ recouvert d'une bande de tôle mince. Par l'explosion, cette bande fut poussée de côté, les plaques furent un peu bossuées et le joint s'élargit à 4ᴾ, de façon que le sable tombait. Comme suite aux expériences, on enterra 2 bombes de 50 livres chargées à 3ᴾ de profondeur au dessus de la traverse-abri, à la jonction des parties en briques et en tôle et on les fit éclater sans obtenir aucun effet à l'intérieur.

b. Effet des obus du canon court de 15 cm et des bombes de 28 cm éclatant dans le fossé, sur les revêtements d'escarpe et de contrescarpe, la galerie de revers et les grilles.

Après avoir enterré deux bombes de 28 cm, la première à 1ᴾ de profondeur, à 1½ᴾ de la contrescarpe et à 1½ᴾ de la galerie de revers, la seconde à 1ᴾ de profondeur, à 1½ᴾ de la galerie de revers et à 1ᴾ de l'escarpe, on y mit le feu. Quelques éclats touchèrent les murs sans casser de dégâts. En somme, l'explosion n'a produit aucun effet notable.

Puis on enterra deux obus de 15 cm, le premier à 14ᴾ, le second à 28ᴾ de la contrescarpe, tous deux à 1ᴾ de la galerie de revers et à 1ᴾ de profondeur et on y mit le feu. Le seul résultat de l'explosion fut l'ébranlement de quelques pierres de fondation. Finalement on enterra une bombe de 28 cm au pied du poteau de la grille, la seconde à la jonction des deux grilles, à 1ᴾ de profondeur. En dehors d'une déviation sans importance d'une des barres, l'explosion de ces projectiles n'a donné aucun résultat.

c. Tir avec le canon de 12 cm et avec le canon court de 15 cm contre un revêtement d'escarpe.

La charge explosive de l'obus de 12 cm était de 0,57 kg. et celle de l'obus du canon de 15 cm court modèle 1869 était de 2 kg. Le premier coup réussi arracha une plaque de jonction sur une longueur de 6ᴾ, de façon que les plaques présentaient en haut un intervalle de 1½ᴾ. Le coup suivant porta cet intervalle à 2½ᴾ, à 6ᴾ vers le bas; il arracha en outre au bord supérieur un morceau de tôle de 2ᴾ de longueur et de 9ᴾ de largeur. Le troisième coup, portant au tiers inférieur de la même plaque, fit sauter un lambeau de 2½ᴾ dans sa plus grande dimension et le lança contre la grille, où il brisa une des barres. Le quatrième, portant sur une arête à 2ᴾ à partir d'en haut, brisa les côtes, sépara les plaques et les recourba. La plaque de jonction fut détachée jusqu'au sol.

Des trois coups réussis, obtenus avec le canon de 12 cm, le premier porta sur une arête saillante. Il brisa les côtes et ouvrit une crevasse se perdant avant d'arriver aux bords supérieurs et inférieurs et ayant au milieu une largeur de 1ᴾ.

Le coup suivant porta également sur une côte saillante, brisa celle-ci, déchira l'ancrage, mais sans nuire à la stabilité de la construction. Le troisième coup atteignit la brèche produite par le 15 cm sans donner de résultat.

d. Effet du tir d'enfilade sur les grilles en fer.

Les grilles étaient établies sur une plaine découverte; six pièces de 15 cm court et de 12 cm étaient placées à 1300 pas dans le prolongement de la ligne des grilles. On tira d'abord six salves sur l'obstacle et on constata les résultats: les deuxième, troisième, quatrième et cinquième panneaux de la rangée de droite étaient démolis, le côté gauche ne présentait que peu de dégâts. Après quatre nouvelles salves, la rangée de droite était entièrement démolie, de la rangée de gauche les troisième, quatrième et cinquième panneaux seulement. Les obus agissaient d'abord comme projectiles pleins, puis par leurs éclats; ils détruisaient à la fois les poteaux et les barres. Les pièces en fer étaient généralement brisées et leurs fragments tordus.

e. Effet du tir à boîtes à balles sur les grilles en fer.

En même temps que l'effet du tir à boîtes à balles sur les grilles en fer, on a voulu constater jusqu'à quel point ces obstacles entraveraient le flanquement haut et bas du fossé.

Six panneaux de grilles étaient établis à 350 pas d'un flanc de caponnière, perpendiculairement à celui-ci. Au bout du grillage se trouvait une cible en planches. La pièce, un canon lisse de 9 cm en bronze, était placée derrière une embrasure du rempart. Les boîtes à balles renfermaient 41 projectiles en fer forgé. Au premier coup, tiré avec la ligne de mire naturelle, la cible reçut 9 atteintes et la grille en reçut 5, 2 sur la rangée de droite et 3 sur la rangée de gauche. Aux 4 coups suivants, tirés avec la hausse de ½, la cible reçut 27 atteintes, donc en moyenne 8 par coup, avec une dispersion totale de 15 pas, tandis que la grille reçut 15 atteintes, donc une moyenne de 3 à 4 par coup.

La batterie fut placée ensuite à 40 pas de la grille, de façon à obtenir un tir rasant un des longs côtés. La cible fut reculée à 200 pas en arrière. En 4 coups, tirés avec la ligne de mire naturelle, la cible reçut 44 projectiles, donc 13 à 14 en moyenne par coup, avec une dispersion totale de 16 pas. La rangée de droite reçut 19 atteintes, celle de gauche 9, les barres d'assemblage 8, en somme 36 atteintes, ou une moyenne de 9 par coup. Le dernier coup fut tiré suivant la diagonale des deux grillages; 11 balles frappèrent la rangée de droite, 11 celle de gauche, et 5 les barres d'assemblage, en tout 27 atteintes. Comme effet de ce tir, une barre et quelques étrésillons en diagonale furent brisés, mais en somme on peut en conclure que les grilles n'interceptent pas d'une façon notable le tir flanquant et ne sont pas assez entamées pour cesser d'être un obstacle sérieux au franchissement en cas d'assaut.

f. Résistance des abris voûtés contre le tir du mortier de 21 cm.

La voûte résistait au tir du mortier rayé de 21 cm aussi longtemps que le couvert en terres était complet. Ce n'est que quand un projectile portait dans l'entonnoir formé par un coup précédent, que la voûte était entamée; une rangée transversale d'une brique, commençant à 0,5 m du sommet et se prolongeant vers le bas, fut enlevée. Les arceaux en fer sont restés intacts.

g. Tir contre les réseaux en fil de fer.

Les obus de 15 cm et de 12 cm formaient des entonnoirs, dérangeaient les fils du réseau et brisaient les pieux, mais sans produire de dégâts qui auraient pu faciliter le franchissement de l'obstacle. Au contraire, les entonnoirs des projectiles formaient des espèces de trous de loup qui ajoutaient à la difficulté. L'emplacement à donner à ces réseaux, les dimensions des fils de fer, des pieux et d'autres détails de construction ne pourront être déterminés complètement qu'au moyen d'expériences ultérieures.

C. Appréciation des résultats des expériences, conclusions.

Pour pouvoir juger jusqu'à quel point les constructions soumises aux expériences peuvent recevoir une application réelle, il faut se préoccuper également d'un facteur important, le prix de revient. Nous allons établir un tableau de comparaison entre ces prix et ceux des constructions en maçonnerie ordinaires:

	Constructions en fer	en maçonneries
1. La verge courante de galerie de mine d'après la fig. 1, planche XVII	50 Thlr.	150 Thlr.
2. La verge courante de galerie de communication pour l'artillerie	85 .	230 .
3. La même, de l'abri-voûté planche XVII, fig. 8, de 1½ brique sur 6 pieds à partir du haut .	150 .	400 .
4. La même, avec tôles voûtées (5 livres par pied carré).	180 .	
5. La verge courante de l'abri-voûté à deux étages, d'après la fig. 6, planche XVI . . .	240 .	500 .
6. Casemates avec voûtes en décharge ou galerie de revers, d'après la fig. 2, planche XVII . .	185 .	450 .
7. Contrescarpe à côtes, d'après la fig. 3, pl. XVII, avec maçonneries d'une demi-brique . . .	110 .	300 .
8. La même avec tôles de 5 livres par pied carré	168 .	
9. La verge courante de mur en tôle, planche XVI, fig. 11 à 13. La tôle de 5 livres par pied carré	90 .	
10. Double grille d'après la fig. 7, planche XVII, par verge courante	72 .	
11. Réseau en fils de fer de 2 mm d'épaisseur et mailles de 1 pied carré, par verge carrée . .	1½ .	
12. Le même, sans pieux, la verge carrée	1 .	

(Pour tous ces prix, les terrassements ne sont pas compris).

Les expériences permettent de formuler les déductions suivantes:

    a. Les abris voûtés peuvent être rapidement établis, même par des ouvriers peu exercés, pourvu qu'on ait à proximité des dépôts des parties constitutives. Ces constructions ont satisfait aux conditions de stabilité statique et sont à l'épreuve des bombes de 28 cm et des obus du mortier rayé de 21 cm, tant qu'elles ne sont pas dépouillées de leur couvert en terres.

    b. Les revêtements en tôle ont résisté à la poussée des terres, tout en ayant été bossués par la pression. Les obus longs du canon court de 15 cm détruisaient la liaison des plaques et arrachaient des lambeaux de tôle. L'effet du canon de 12 cm est moindre, mais encore il détruit à chaque coup les pièces de renfort. Les plaques ainsi atteintes ne cessent pas de résister à la poussée des terres.

    c. Les grilles offrent une résistance sérieuse au franchissement, de même qu'à un enlèvement à la main (comme cela a déjà été constaté aux expériences de Coblence en 1868). Elles souffrent peu d'un tir indirect frontal. Placées en plaine découverte et battues d'enfilade, elles ont été rapidement démolies par les trois calibres. Elles ont peu à souffrir du tir à boîtes à balles de la défense, et l'effet de ce tir sur l'assaillant n'est pas diminué.

d. Les réseaux en fils de fer forment un obstacle sérieux tant qu'ils sont protégés par les feux de la défense. Ils ont peu à souffrir du tir de l'artillerie. Quand ils ne sont pas protégés, l'assaillant peut les écarter sans difficulté, comme tout autre obstacle d'ailleurs.

On peut donc affirmer que, en principe, ces constructions contribuent à augmenter la puissance défensive des ouvrages de fortification provisoire. Des expériences subséquentes indiqueront cependant les modifications et les améliorations à introduire dans la suite.

Il serait désirable de mettre la voûte mieux à l'épreuve de la bombe, même de celle de 28 cm. Pour cela, il suffirait de renforcer la construction en ajoutant au dessus de la voûte une espèce de toit en béton. On pourrait obtenir ainsi une résistance suffisante, même contre le tir du mortier rayé de 21 cm. Les voûtes avec arceaux en fer présentent le grand avantage de sécher rapidement et d'être habitables à bref délai. La forte pente de l'extrados favorise l'écoulement des eaux. Quoique destinés d'abord à la fortification provisoire, les locaux voûtés à construction rapide peuvent cependant rendre également des services dans la fortification permanente.

Pour mieux mettre à l'épreuve de la bombe les voûtes avec toiture en tôle, on pourrait superposer plusieurs plaques, ou bien renforcer l'épaisseur si on se contente d'une couche de tôle.

Le revêtement en tôle est un excellent moyen de maintenir des talus raides; il est d'une exécution rapide et d'une grande stabilité. Toute construction de ce genre doit être soustraite complètement à l'action du tir direct et assez défilée du tir indirect pour ne plus être exposée qu'à des atteintes isolées.

Les grilles en fer, sous la forme de doubles grilles, sont d'un maniement facile et les parties entamées peuvent être facilement remplacées. Sur un sol très-meuble, on ne peut leur donner assez de stabilité que si on les pose sur une semelle commune. Les grilles avec barres plates sont les plus avantageuses à cause du bon marché et de la facilité d'appliquer les pièces transversales.

Si on pèse les avantages et les inconvénients des grilles comparées aux palissades, on obtient les conclusions suivantes:

1. Les grilles sont plus difficiles à escalader que les palissades;
2. Elles n'offrent aucun couvert à l'assaillant;
3. Elles sont d'une installation aussi facile, peut-être plus facile que les palissades;
4. Elles ont moins à souffrir du tir frontal que ces dernières;
5. Elles sont plus difficiles à écarter au moyen d'outils;
6. Elles ont une durée beaucoup plus grande;
7. Elles masquent moins le flanquement.

Elles partagent au même degré l'inconvénient des palissades d'être facilement destructibles par des feux de flancs et par des matières explosives.

Elles sont plus chères que les palissades, mais si on aborde la considération de l'économie relative, l'avantage paraît être du côté des grilles, à cause de leur durée. Puis, les grilles offrent certains avantages qui influeront sur la question de prix, elles ont besoin d'un espace plus restreint pour leur emmagasinage, et on peut les transporter assez facilement du dépôt central à la forteresse menacée.

Par contre, pour les palissades, les termes sont autres: elles forment contre l'escalade un obstacle très-sérieux, et elles ne peuvent être détruites par un tir d'enfilade. Mais il faut nécessairement les défiler du tir frontal et les matières explosives y font brèche.

Tout pesé, il faut accorder aux palissades la préférence sur les grilles en fer, à part certains cas où il est indifférent d'employer les unes et les autres. La position à donner à l'obstacle et la considération des dépenses décideront du choix à faire.

Il y a lieu de conserver les palissadements aux parties de la fortification pour lesquelles cette défense accessoire a été prévue.

Dans les ouvrages permanents, les grilles en fer pourront être appliquées dans tous les cas où il serait difficile de se procurer des palissades, ou bien là où il est important de ne pas intercepter la vue.

D. Détails de construction des voûtes en arceaux.

(Planche XVIII, fig. 1 et 2.)

Les figures représentent une contrescarpe en décharge devant servir de galerie majeure. Cette construction, exécutée il y a quatre ans, a été soumise à des expériences qui ont confirmé la portée pratique de notre système de voûtes pour la fortification permanente.

L'économie réalisée par leur emploi est de 40 à 45%.

Nos abris voûtés répondent entièrement aux exigences de salubrité. La disposition en ogive est favorable à la circulation de l'air et les cheminées partant du sommet de la voûte sont très actives.

Les murs minces, en briques bien cuites et mortier hydraulique, sèchent plus facilement que les murs épais des anciennes casemates. On peut de plus appliquer une double paroi avec couche d'air interposée, quand les circonstances exigent des locaux particulièrement secs, comme ceux destinés aux logements et aux magasins à poudre.

En n'employant que de bonnes briques bien cuites et de bon mortier hydraulique, on écarte complètement l'humidité malgré le peu d'épaisseur des murs. Une condition essentielle de notre construction est que les maçonneries fassent prise sous la pression de toute la couche de terre qui charge la voûte, il ne faut donc employer que du mortier à prise lente. De cette façon la maçonnerie est comprimée, tous les joints sont remplis et il ne se produit jamais de crevasses. On se procure ainsi l'avantage de pouvoir couvrir de terres la voûte aussitôt qu'elle est maçonnée et d'avoir des locaux habitables dans

le plus bref délai possible. Etant données la flexibilité et la souplesse
du système, on peut se contenter de fondations légères; une couche
de sable suffit.

Pour résister aux effets des puissants obus-torpédos, nos voûtes
ont l'avantage de n'offrir comme but qu'une ligne et, dans le cas
d'un tracé circulaire, qu'un point, et cela aux parties fortes de la
construction, où les poutres en fer se joignent, et où l'on peut renforcer la maçonnerie sans employer beaucoup de matériaux. La
protection donnée par les terres croît à mesure que le point d'impact
se trouve plus loin du sommet de la voûte.

Quand les dispositions des ouvrages ne nous permettent pas de
couvrir la voûte d'une couche de terre suffisante, nous interposons
une couche horizontale en maçonnerie comme l'indique la figure ci-
dessous. On utilise ainsi les matériaux économisés sur les fondations.

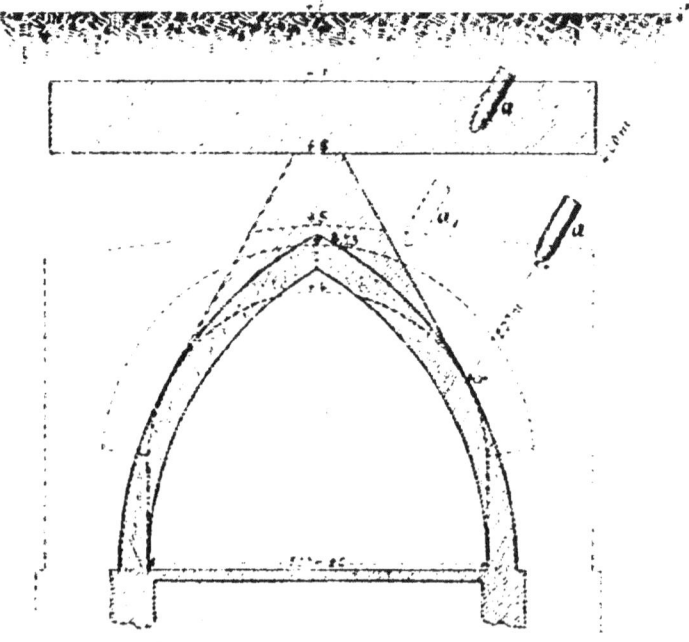

Comparant notre système à celui d'une voûte ordinaire, nous
voyons que si un obus-torpédos a pénétré suivant la direction marquée par z, il enfoncera bien les deux voûtes, mais l'effet d'explosion
sera le plus redoutable pour la voûte ordinaire, sur laquelle le projectile prend la position la plus inclinée.

Pour la construction en arceaux avec une couche horizontale en maçonnerie, un projectile, quand même il percerait celle-ci, trouverait devant lui une nouvelle couche de terre formant tampon devant la voûte. En examinant le cas où un projectile passe à côté de la couche en maçonnerie, suivant la direction **x x**, nous voyons qu'après avoir traversé 4 m de terres, il aurait encore 2 m de terres devant lui avant d'atteindre la partie la plus faible de la construction, ce qui paraît suffisant.

Nous ne pouvons assez recommander les constructions en arceaux et nous sommes convaincu qu'elles résistent très-bien. Les imperfections que des expériences ultérieures pourraient révéler seraient facilement corrigées. Il n'y a pas lieu de redouter la rouille pour les parties en fer. Elles sont d'abord assez fortes pour qu'une mince couche de rouille soit insignifiante, puis elles sont assez garanties du contact de l'air quand elles sont enchâssées dans la maçonnerie. On peut de plus les enduire d'une mince couche de ciment liquide qui les protégera parfaitement. Dans ces conditions, il est certain que le fer se conservera indéfiniment; la preuve en est qu'on l'a retrouvé intact dans des maçonneries séculaires.

Le revêtement appuyé, représenté en profil, planche XVIII, n'a plus qu'une importance secondaire, puisque nous avons substitué aux fossés étroits et profonds des fossés larges et peu profonds, sans revêtement ou tout au plus avec un revêtement bas en maçonnerie, combiné avec des obstacles en fils de fer.

Le profil E-F, planche XVIII, était destiné à une construction déterminée, qui n'a pas été exécutée. Les tirants en fer non enchâssés dans la maçonnerie sont recouverts d'une couche de zinc. Ce genre de revêtement présente sur la maçonnerie une économie de près de 40 %.

E. Obstacles en spirales de fils de fer.

(Planche I, fig. 3.)

Les expériences de l'egel en 1869 ayant démontré la valeur des obstacles en fils de fer, ce moyen de défense contre les attaques de vive force a été appliqué dans tous les pays.

Il l'est le plus avantageusement sur un glacis avec plantations coupées à hauteur voulue. Les souches d'arbres servent très-efficace-ment de moyens d'attache pour les fils principaux. Des pieux enfoncés dans le sol ne remplacent qu'imparfaitement les plantations et le travail demande dans ce cas plus de temps.

Si le glacis est en site de roc ou si le terrain est gelé, il ne sera pas même possible de recourir à ce dernier moyen.

Ces considérations nous ont porté à introduire les obstacles en spirales de fil de fer.

Intercalons ici une remarque. Les obstacles en fils de fer entre-lacés n'ont été considérés que comme une augmentation des moyens de résistance existants. Or, puisqu'on avait déjà des revêtements de fossé coûteux, on a trouvé que les frais occasionnés pour couvrir complètement le glacis de fils de fer étaient trop considérables. On a donc économisé sur les matériaux et on n'a obtenu qu'un obstacle imparfait, tandis que, si on fait abstraction de la question de dépense, on peut rendre un glacis au moyen de fils de fer absolument infranchissable.

En employant nos spirales, la difficulté semble aller en gran-dissant, puisqu'elles sont plus chères que les réseaux ordinaires. Heureusement, dans nos projets, les obstacles en fils de fer ne se trouvent plus sur le glacis, mais dans le fossé; nous rendons ainsi les revêtements inutiles, et nous élargissons le profil, comme en site aquatique, ce qui nous permet des compensations en réalisant de ce chef une grande économie.

Examinons les conséquences de cette innovation. Nous avons fait ressortir que, vu l'effet du tir de l'obusier rayé de 21 cm, il serait dangereux, même dans les fossés étroits et profonds, d'appliquer un obstacle en maçonnerie au pied de l'escarpe. La contrescarpe seule reste non entamée, et les engins d'invention récente, maniés par des troupes exercées à l'assaut, nous portent à croire que le revête-ment serait rapidement franchi.

Nos spirales forment un obstacle plus efficace. Elles se com-posent de fils de fer auxquels on a donné par une fabrication spéciale les propriétés de l'acier et surtout une grande élasticité.

Des expériences faites avec le concours des industriels — Schmitt frères à Schwelm (Westphalie) — sur du fer laminé de 5 mm d'épaisseur et de 3 m de longueur tourné en spirales de 30 à 40 cm, la spire inclinée à 45°, ont donné de bons résultats.

Le fer étiré en fil pourrait avoir des dimensions moindres; malgré cela, cette forme impliquerait une augmentation de prix.

Ces spirales peuvent être couchées l'une sur l'autre de façon à se prêter à un transport facile. Une spirale ayant les dimensions susdites pèse environ 1 kg. On pourrait donc en réunir 50 en un paquet, ce qui formerait une charge convenable pour deux hommes.

Voici une méthode pour la pose de l'obstacle. Dix de ces spirales sont enchevêtrées et forment alors un panneau carré du poids de 10 kg. On couvre le fond du fossé, entre les souches d'acacia, de ces panneaux, qui, par suite de leur souplesse, s'attachent d'eux-mêmes aux plantations.

On met ensuite une deuxième et une troisième couche s'entre-croisant et, pour empêcher la compression des spirales, on interpose aux points de croisement des branches d'un doigt d'épaisseur. Aucun autre lien n'est nécessaire.

Il est impossible de percer cet obstacle ou de l'enlever, il faudra donc passer au dessus, en jetant des ponts, ce qui sera très-difficile à cause de la souplesse des couches. Si on peut interposer de distance en distance un panneau vertical, ou si on jette çà et là sur les couches des spirales isolées, le passage sera rendu encore plus difficile.

L'obstacle est protégé contre les feux rasants par sa situation basse. Les projectiles formant entonnoir ne causent que peu de dégâts. Ils soulèvent l'ensemble, amincissent certaines parties, mais les autres en seront rendues plus denses. Quelques spirales jetées rapidement dans les parties affaiblies (ce qui peut se faire même à une distance de 30 m) les combleront efficacement. Il est fort possible que des spirales jetées pêle-mêle dans le fossé forment un obstacle au moins aussi difficile à franchir que si on adopte la disposition régulière, et la quantité de matériaux employés ne sera guère plus considérable. Si on veut employer ce procédé, il est bon d'avoir des plantations qui permettent de constituer un obstacle assez élevé et irrégulier. Si l'on n'a pas de plantations, il faut ménager des solutions de continuité pour empêcher l'ennemi de jeter des ponts. Les spirales rendues ainsi disponibles serviront à renforcer les parties restantes. On formera ainsi une succession de haies et, pour les soutenir, on appliquera des trépieds en cornières de fer, reliés en haut par un anneau en fer et dont les pieds, croisés deux à deux, sont reliés par des fils de fer. Ces trépieds n'ont leur stabilité que quand les intervalles sont remplis de spirales. On relie les baies entre elles.

Les spirales ayant les dimensions données coûtent par pièce 0,36 Mks. En adoptant la disposition par trois couches, il faut 30 spirales par 3 × 3 == 9 m carrés. Le prix de revient est donc, pour cette surface, de 0,36 × 30 = 10,80 Mks. en chiffres ronds, ou par mètre carré $\frac{11}{9}$ = 1,25 Mks. environ.

Une escarpe détachée en maçonnerie coûte 500 Mks. par mètre courant. Cependant elle donne moins de sécurité que si on couvre un fossé de 25 m de largeur d'obstacles en spirales de fil de fer dont le prix de revient n'est que de 40 fr. environ.

Dans nos devis, nous avons, pour tenir compte des variations du prix du fer, porté le m. carré de spirales à 3 Mks., ce qui permet, dans des conditions normales, d'avoir un obstacle de 6 couches superposées.

www.ingramcontent.com/pod-product-compliance
Lightning Source LLC
Chambersburg PA
CBHW070955240526
45469CB00016B/889